# 武夷山兽医常用中草药

◎ 李建喜　范绪和　王学智　主编

中国农业科学技术出版社

**图书在版编目（CIP）数据**

武夷山兽医常用中草药 / 李建喜，范绪和，王学智主编. —北京：中国农业科学技术出版社，2021.1

ISBN 978-7-5116-4376-6

Ⅰ. ①武… Ⅱ. ①李… ②范… ③王… Ⅲ. ①武夷山—中兽医—中草药 Ⅳ. ①S853.75

中国版本图书馆 CIP 数据核字（2019）第 194173 号

| | |
|---|---|
| **责任编辑** | 闫庆健 |
| **责任校对** | 马广洋 |
| **出 版 者** | 中国农业科学技术出版社 |
| | 北京市中关村南大街12号　　邮编：100081 |
| **电　　话** | （010）82109705（编辑室）　（010）82109702（发行部） |
| | （010）82109709（读者服务部） |
| **传　　真** | （010）82106625 |
| **网　　址** | http://www.castp.cn |
| **经 销 者** | 各地新华书店 |
| **印 刷 者** | 北京建宏印刷有限公司 |
| **开　　本** | 710mm×1 000mm　1/16 |
| **印　　张** | 13.25 |
| **字　　数** | 236千字 |
| **版　　次** | 2021年1月第1版　　2021年1月第1次印刷 |
| **定　　价** | 98.00元 |

# 《武夷山兽医常用中草药》

## —— 编 委 会 ——

主　编：李建喜　范绪和　王学智

副主编：王　磊　张　凯

编　者：（按姓氏笔画排序）

王贵波　邓浦生　仇正英　张　康

张景艳　崔东安　黄天鎏　黄锦然

　　《武夷山兽医常用中草药》共收录了218种武夷山较常用的兽用中草药，详细介绍了其名称、别名、药材名、药用部位、形态特征、生长环境、采集加工、性味功能、用法用量、主治应用等内容，大部分附有图谱，以便于读者学习和开展研发时参考。

　　武夷山市位于福建省的西北部，地处东经117°37′22″～118°19′44″，北纬27°27′31″～28°04′49″，属中亚热带湿润季风气候，年日照1 615～2 230小时，年平均气温12～13℃，年降水量大于2 000毫米，年相对湿度高达85%，平均无霜期270天，雾日100天以上。境内的武夷山山脉群山竞立，峰谷连绵，雨量充沛，四季分明，气候温和，植被繁茂，中草药品种繁多，当地采用中草药防治畜禽疾病历史悠久。但因地形复杂，长期以来存在着中草药同名异物、同物异名、用法不一的混乱现象，经常造成治疗差错和药材浪费，也影响着兽用中草药的交流及其在畜牧养殖业中的正确应用，为了进一步澄清武夷山市中草药品种资源和药用性能，作者于1990年开始开展武夷山兽医中草药资源普查工作。

　　根据武夷山的地形、地貌特点，我们采用以山区、丘陵为主、溪河与平原相结合的全面考察方针，先后选择星村镇的星村、黎源、红星、渠口、井水、曹墩、桐木；武夷镇的高苏坂、柘阳、赤石、大布、角亭、公馆、溪洲、天心；五夫镇的五夫、溪尾、五一、大将、翁墩、古田、茅厂；兴田镇的兴田、西郊、黄土、城村、大楮、南岸、汀前、汀浒、仙店；上梅乡的上梅、茶景、里江、下阳；岚谷乡的岚谷、稍屯、山坳、岭阳、横源、客溪、染溪、黎口；吴屯乡的吴边、街路、彭屯、大浑、上村、麻坊、排头、小寺、阳角；城东乡的城东、村尾、黄墩、洋墩、里洋、松坳；洋庄乡的洋庄、小浆、大安、浆溪、西际、坑口、茶劳山、廊前、东村、四渡、三渡；崇城镇的城南、城西、清献，黄土农场、综合农场等12个乡镇（场）72个行政村988个自然村和作业区，对石岩山、土山土丘、沟壑、水田、旱地、水库等不同类型和地区逐一考察，历时近9年，行程数万千米，采集、拍摄植物标本212科、1 193种。2015

年，在国家科技基础性工作专项项目"传统中兽医药资源抢救和整理"的资助下，对当地兽医领域使用的中草药共218种进行整理，编写成《武夷山兽医常用中草药》，以期为后续研究者提供较为翔实的资料，为兽医领域合理开发利用武夷山中草药资源提供科学依据。

本书编写过程中，得到中国农业科学院兰州畜牧与兽药研究所、武夷山市科委、农委、畜牧水产局、农业局及星村、兴田、武夷、五夫、上梅、岚谷、吴屯、洋庄、城东、黄土农场、茶劳山垦殖场、综合农场等乡镇（场）领导及许明芳、陈芝萍、祝金虹、彭华宝、林燕杰、林昌绪、王泉兴、吴文群、余候华、宋水财、郑福生等同志的大力支持和帮助，一并致以诚挚的感谢。同时感谢福建省科委武夷山生物研究所、福建农业大学动物科学学院、南京农业大学、江西中兽医研究所等专家、教授对标本的鉴定。

由于时间、精力和知识储备所限，调查研究尚欠深入细致，难免有一些缺点与错误，衷心希望广大读者批评指正，以便今后修改补充。

编　者

2020年11月

## CONTENTS 目　录

## 温里药

## 行气药

# 祛湿药

## 理血药

## 化痰止咳平喘药

# 补虚药

# 收涩药

## 驱虫药

解表药·

## 辛夷（木兰属）*Magnolia lilifloru* Desr.

别　　名：木笔（通称）、木兰、紫花玉兰

药材名：辛夷

【药用部位】根、花。

【形态特征】落叶灌木或小乔木，高3～4米，小枝紫褐色平滑无毛。冬芽被淡黄色绢毛。叶互生倒卵形或椭圆形，先端急尖，基部楔形，全缘，两面几无毛，主脉背面凸起，叶柄粗短。花生叶开放或与叶同时开放；单生枝顶，萼片3，绿色。卵状披针形，早落，花6瓣，外面紫色或紫红色，内面白色，聚合果长圆形，长7～10厘米，淡褐色，有时稍弯曲。花期2—3月，果期5—6月。

【生长环境】武夷山市各庭园多有栽培。

【采集加工】根：全年可采，鲜用或晒干备用；花（辛夷）：于早春含苞时采，晒干备用。

【性味功能】根：苦、辛、温，疏肝理气；辛夷花：辛温，散风寒，通肺窍。

【用法用量】牛、马15～60克，猪、羊3～9克，普通感冒少用。

【主治应用】辛夷花：治风寒感冒，脑颡流鼻（急、慢性鼻窦炎）；根：治肝硬化腹胀。

【方例1】马、骡额窦蓄脓：辛夷45克，酒知母、酒黄柏各30克，沙参21克，木香9克，郁金15克，明矾9克，共研细末，水冲灌服。初期每日1剂，好转后隔1～2天服1剂。

【方例2】副鼻窦炎：辛夷60克，苍耳子60克，酒知母、酒黄柏各45克，金银花、白芷、桔梗、郁金、木香、沙参、柘矾、白菊花、薄荷、甘草各30克，水煎服，每日1剂，连用5剂，未愈者停药3天继服5剂，有热者加栀子、连翘；鼻漏恶臭加黄芩、贝母；局部肿胀者加川芎、防风，轻者5剂，重者10剂可愈。

罗勒（罗勒属）*Ocimum basilicum* L.

别　　名：九层塔、土丁香、兰香等

药材名：罗勒

【药用部位】全草、果实。

【形态特征】一年生草本，高20～70厘米，芳香，茎直立，四棱形，多分枝，常带紫色，密被柔毛。叶对生，具细柄，卵形或卵状披针形，长2～7厘米，宽1～4厘米，先端钝尖，基部楔形，边缘有疏锯齿或全缘，叶背有腺点。7—9月开花，轮伞花簇聚集成间断的顶生状花序；花小，花萼筒状，先端5裂，最上1片最大，圆菱形，其余4片较小，呈锐三角形，果时花萼下垂；花冠唇形，白色或略带紫红色，长约9毫米，上唇近等裂，下唇全缘；雄蕊4，稍突出于花冠筒外，花药2室靠合，雌蕊1，花柱顶端2裂，钻状，向两侧弯曲，挺出于雄蕊之上。4小坚果长圆形，褐色，包围宿存花萼中。

【生长环境】野生于阴湿处，武夷山农村常有栽培。

【采集加工】夏秋季采收全草，除去细根和杂质，切细晒干，栽培品当年茎叶6—7月采收，种子秋末成熟时采收。

【用法用量】牛、马30～60克，猪、羊15～30克，外用适量，鲜品捣烂敷或煎水洗患处。

【性味功能】全草：辛、温、发汗解表，祛风利湿，散瘀止痛；果实：甘、辛、凉，清热，明目，祛翳。

【主治应用】全草：风寒感冒，消化不良，肠炎腹泻，跌打肿痛，风湿痹痛，毒蛇咬伤，湿疹皮炎等。果实：目赤肿痛，角膜云翳。

【方例】过劳：罗勒60克，枇杷叶60克，江南卷柏60克，土丁桂120克，鼠曲草90克，加童尿500毫升，生鸡蛋2个同服。

## 深山含笑（含笑属）*Michelia maudiae* Dunn

别　　名：光叶白兰、莫夫人玉兰

【药用部位】花、根。

【形态特征】常驻绿乔木，高可达20米，胸径30～40厘米，全株无毛；树皮灰褐色，平滑；幼枝和芽梢被白粉。叶互生，革质，长圆状或长圆状椭圆形，长7～20厘米，宽4～8厘米，顶端急尖，基部楔形或宽楔形，全缘，叶片正面深绿色，有光泽，背面淡绿色，被子白粉，中脉在下面隆起，网脉两面均甚明显；叶柄上无托叶痕。花单生于叶液，白色，大而美丽，有香气，直径10～12厘米；花被9片，长倒卵形，长6～7厘米；雄蕊多数，花丝长约5毫米，花药长约15毫米，药隔顶端短突尖；雌蕊群圆柱形，心皮多数，雌蕊群柄长1～1.5厘米。穗状聚合果长7～15厘米；骨突卵状长圆形，有短尖头；种籽红色。花期3—4月，果期9—10月。

【生长环境】生长于海拔500～1 500米的常绿阔叶林中沟谷地或溪河边。偶有栽培于庭院绿地。

【采集加工】花：花期采摘；根：全年可采，鲜用或晒干备用。

【性味功能】花：辛、温，散风寒，行气止痛；根：清热解毒、行气化浊，止咳。

## 江南细辛（细辛属）*Asarum forgesii* Franch

别　　名：红底马蹄金

药材名：细辛

【药用部位】干燥根和根茎

【形态特征】多年生草本，根状茎短，横卧，须根肉质，多数表皮肉色，芳香。叶1～2片，卵状心形，两侧耳状分开或几靠拢，全缘，叶面暗绿色，叶背常紫色。叶柄长8～14厘米。花单朵生于茎上，花被筒谭状，黄绿色，有紫斑，内面有方格状网纹，詹部3裂，裂片宽卵形。蒴果肉质近球形，3—4月开花。

【生长环境】生于武夷山洋庄、葛仙等林下阴湿处。

【采集加工】全草全年可采，鲜用或阴干备用。

【性味功能】辛温，有小毒，解表散寒，祛风止痛，通窍，温肺化饮。

【用法用量】牛、马30～60克，猪、羊9～15克，水煎喂服。

【主治应用】外感表症，鼻流脓水，中暑，水肿，眼翳，跌打损伤，毒蛇咬伤，肿瘤。

## 杜衡（细辛属）*Asarum forbesii* Maxim

别　　名：马蹄香、土细辛

药材名：杜衡

【药用部位】全草、根茎或根。

【形态特征】多年生草本，地茎横卧。着生多数皮质细根，有特别的辛香气。常2～3株生在一起。每株有2～3叶片。叶有长柄，心脏形或肾形，又似马蹄形，叶面深绿色，有白色或淡绿色斑块。春初开花。花贴近地面，钟形，淡棕紫色。果实革质，为不整齐开裂。

【生长环境】多生于山坡林缘山谷林荫的阴湿处，武夷山洋庄、葛仙等处可见。

【采集加工】全草、全年可采，鲜用或阴干备用。

【性味功能】辛、温，有小毒，疏风散寒，消痰利水。

【用法用量】牛、马30～60克，猪、羊9～18克。

【主治应用】外感风寒，蛇虫咬伤，鼻窦炎，食积。

【方例1】牛伤风感冒：本品根、青木香、紫苏叶、薄荷叶各30～60克，水煎喂服。

【方例2】耕牛发痧：本品根30克，洗净捣烂加水1 000毫升一次喂服。

【方例3】耕牛食积：本品根15克、红木香30克、山楂根、胡香子根各30～60克，煎水喂服。

【方例4】治哮响：马蹄香，焙干，研为细末，每服2～3钱。如正发时，用淡醋调下，少时吐出痰涎为效。（《普济方》黑马蹄香散）。

## 福建细辛（细辛属）*Asarum fuimensis* J. R. chg.

别　名：薯叶细辛、土细辛

药材名：土细辛

【药用部位】带根全草。

【形态特征】多年生草本；根茎短，直立或斜升，节密集；根圆柱形，肉质，黄白色，多数丛生。叶互生，近革质，犁头形或长圆状戟形至长卵状心形，长5～15厘米，宽2.5～9厘米，顶端锐尖，基部深心形，两侧耳间相距较短；正面无毛，背面密被黄色短伏毛和腺点；叶柄长4～17.5厘米。花1～2朵生于茎顶；花被筒紫色，直径2～3厘米，裂片近半圆形或肾形，外反，长0.7～1.5厘米，基部有横皱纹，筒部内面有纵皱纹，喉部缢缩；雄蕊12枚，花柱6裂。蒴果直径1厘米，暗紫色。花期3—11月。

【生长环境】生于武夷山洋庄等地林下阴湿处。

【采集加工】全草、全年可采，鲜用或阴干备用。

【性味功能】辛、温，解表散寒，祛风止痛，通窍，温肺化饮。

【用法用量】牛、马30～60克，猪、羊9～18克。

【主治应用】外感风寒引起的感冒咳嗽、积食等症。

【方例1】中暑头晕：乌金草（双叶细辛）1～3克，水煎服（《湖北中草药志》）。

【方例2】胃腹痛：乌金草（双叶细辛）研细末，早晚各1次，每次服1克，酒或开水吞服（《湖北中草药志》）。

## 花脸细辛（细辛属）*Asarum blumei* Duch

别　　名：土细辛、水马蹄

药材名：土细辛

【药用部位】带根全草。

【形态特征】多年生草本。根茎生多数细长的根，淡黄色，有辛香味。叶从根茎抽出，1～2片，具长柄，心形，长5～10厘米，基部耳形，叶面绿色有光泽，常有白斑，背面紫色。花钟形，淡紫色。浆果细小，熟时黑褐色。

【生长环境】喜生于潮湿阴暗的山沟旁，山地林缘，武夷山洋庄、茶劳山等地可见。

【性味功能】辛、温，祛风散寒，化瘀止痛。

【用法用量】牛、马30～60克，猪、羊9～18克。

【主治应用】慢性支气管炎，风湿痛，四肢麻木。

【方例1】风湿感冒，头疼身痛：花脸细辛、防风、苍术、茯苓、陈皮、羌活。水煎服。（《四川中药志》）。

【方例2】跌打损伤，散瘀血：花脸细辛、红牛膝、红泽兰、透骨消。泡酒服。（《四川中药志》）。

## 大花细辛（细辛属）*Asarum makimum* Hcmsl.

别　名：马蹄细辛

药材名：大花细辛

【药用部位】根状茎。

【形态特征】多年生草本。匍匐根状茎浅黄色，有多数肉质根，顶端通常生2叶。叶大，质厚，卵状椭圆形，长16～20厘米，宽8～10厘米，顶端锐尖，基部心形；叶柄肉质，长14～20厘米，疏被短柔毛。花大，单生茎顶，直径达6厘米，紫褐色；花柄长2～9厘米；花被筒短，裂片3，宽卵形，长约3厘米，宽约4厘米，基部具白色的横皱斑纹；雄蕊12。蒴果肉质，近球形。种子圆锥形，顶端渐尖，背面近平滑。

【生长环境】生于武夷山各地山坡林下，溪边阴湿处。

【采集加工】根入药同细辛。

【性味功能】辛、温，祛风散寒，行水，开窍。

【用法用量】《本草别说》：细辛，若单用末，不可过半钱匕，多即气闷塞，不通者死。

【主治应用】用于风寒感冒，头痛，咳喘，风湿痛，四肢麻木，跌伤。《本草经疏》：凡病内热及火生炎上，上盛下虚，气虚有汗，血虚头痛，阴虚咳嗽，法皆禁用。《得配本草》：风热阴虚禁用。《本草别说》：细辛，若单用末，不可过半钱匕，多即气闷塞，不通者死。《注解伤寒论》：水停心下而不行，则肾气燥。

【方例1】川芎散：川芎（洗）50克，柴胡（去苗，洗）50克，半夏曲25克，甘草（炙）25克，甘菊25克，细辛（去叶）25克，人参（去芦）25克，前胡（去苗，洗）25克，防风（去叉股）25克。上为粗末。每服4钱，水1盏，加生姜4片，薄荷5叶，同煎至7分，去渣温服。主治风盛膈壅，鼻塞清涕，热气攻眼，下泪多眵，齿间紧急，作偏头疼。

【方例2】芫花50克（醋拌，炒令干），椒目50克，半夏25克（汤洗7遍去滑），川大黄50克（锉碎，微炒），细辛50克，桔梗25克（去芦头），川乌头50克（炮裂，去皮脐），赤芍药50克，赤茯苓50克，桂心50克，吴茱萸25克（汤浸7遍，焙干，微炒），木香50克。主治寒疝积聚动摇，大者如鳖，小者如杯，乍来乍去，在于胃管，大肠不通，风寒则腹鸣，心下寒气上抢，胸胁支满。（《圣惠》卷四十八）

· 清热药

## 毛轴碎米蕨（碎米蕨属）*Cheilanthes chusana* Hook

别　　名：舟山碎米蕨、细凤尾草、凤凰路鸡等

【药用部位】全草。

【形态特征】株高15～30厘米。根状茎粗短，直立，被棕褐色，狭披针形鳞片。叶簇生，条状披针形，二回羽状深裂，羽片10～15对，中部较大，羽状深裂，裂片长圆形，有纯齿。叶柄深粟色，连同叶柄疏生鳞片，上面有1条深纵沟，两侧有隆起的狭边。孢子囊群生裂片侧脉顶端，囊群盖长圆形，10月至翌年4月为孢子期。

【生长环境】生于山谷林下或溪边阴湿岩石间。

【采集加工】全草全年可采，鲜用或晒干备用。

【性味功能】微苦、寒，清热解毒。

【用法用量】牛马45～90克，猪羊15～3克。

【主治应用】肠炎、痢疾、痈疖。

## 银粉背蕨（粉背蕨属）*Aleuritopteris argentea*（gmel.）Fee

别　名：通经草、金丝草、铜丝草、金牛草等

【药用部位】全草。

【形态特征】植株高14～25厘米。根状茎短，直立或斜升，被带有棕色狭边的黑色、披针形鳞片。叶簇生；叶柄长6～20厘米，粟红色，基部被鳞片，向上光滑；叶片五角形，长宽各为5～7厘米，三回羽裂；羽片3～5对，对生，基部一对最大，有时以无翅的短叶轴与上面1对分离，近三角形，长2～4厘米，宽1.5～3厘米，二回羽裂；小羽片断3～5对，线状披针形至短线形，羽轴下侧的较上侧的为大，基部下侧面片特大，羽裂，其余向上各小羽片渐短，不裂或少有浅裂；裂片长圆形或阔线形，顶端钝或尖，基部彼此以狭翅相连，边缘常有小圆齿；叶脉羽状，不明显，侧脉二叉；叶厚纸质，叶背被乳黄色粉末。孢子囊群线形，着生于小脉顶端，沿叶缘连续延伸；囊群盖线形，膜质，远离中脉，不间断，全缘或略有细圆齿。

【生长环境】武夷山市武夷镇及景区等地山坡、岩缝下常见。

【采集加工】全草全年可采，生用或晒干备用。

【性味功能】淡、微涩、温，活血通经。

【用法用量】牛马45～90克，猪羊15～30克，水煎灌服。

【主治应用】主治口腔炎、肺炎、丹毒等。

## 扇叶铁线蕨（铁线蕨属）*Adiantnm flabellulatum* L.

别　名：过增龙

【药用部位】全草。

【形态特征】植株高20～50厘米。根状茎短，直立或近直立，密被棕色、线状披针形、有光泽的鳞片，具多数铁丝状须根。叶簇生；叶柄长10～25厘米，亮紫黑色，基部疏被鳞片，向上光滑；叶片扇形至不整齐的阔卵形，长10～25厘米，宽8～22厘米，二至三回掌状分枝至鸟足状二叉分枝；中央羽片最大，线状披针形，长10～15厘米，宽约2厘米，顶端钝；小羽片8～15对，互生，平展，有短柄，扇形或斜方状椭圆形，长约1厘米，宽约1.5厘米，对开式，上缘及外缘圆形，有细锯齿，下缘成直角形，基部阔楔形；叶脉扇形分叉，明

显，伸达叶缘；叶坚纸质，无毛；叶轴羽轴及小羽柄均为黑褐色，有光泽，叶片正面疏生红棕色短细毛，叶片背面无毛。孢子囊群椭圆形，密接横生于小羽片背面上侧边缘的小脉顶端每小羽片有2～8个；假囊群盖椭圆形，革质，黑褐色，全缘。孢子期5—11月。

【生长环境】分布武夷山市海拔1 200米以下的山坡林下阴湿地。

【采集加工】全草全年可采，鲜用或晒干备用。

【性味功能】微苦、凉；清热利湿。

【用法用量】鲜品，牛、马150～300克，猪、羊30～60克，煎汤灌服。

【主治应用】热痹、砂石淋，湿热黄疸，痢疾肠炎，仔猪下痢、乳腺炎，肺热咳嗽。

## 凤丫蕨（凤丫蕨属）*Coniogramme japonice*（Thunb.）Diels. Nat. pfl.

别　名：风叉蕨

【药用部位】全草。

【形态特征】植株高80～120厘米。多年生直立草本。根状茎圆柱形，横走具少数棕色披针形鳞片。叶长圆形或长圆状三角形、上部一回羽状，下部二回羽状，羽片2～5对，互生，基部一对最大，柄长2～4厘米，卵状长圆形或阔卵形，长20～28厘米，宽10～15厘米，一回羽状或三出，侧生小羽片1～2对，近对生，有短柄，狭长披针形，长11～16厘米，宽2～2.5厘米，顶端尾状渐尖，基部圆楔形或近圆形，顶生小羽片和侧生小羽片同形，但远较宽大，基部以上的第二对羽片三出或单一，第三对起羽片均为单一，其形状与侧生小羽片相似，顶生羽片边缘和其下的侧生羽片同形或略小，单一或二叉裂，边缘具细浅锯齿，常反卷，叶脉明显，具小叶柄；总叶柄长15～40厘米，基部疏生鳞片。孢子囊群条形，密生侧脉上，但不到叶缘，无盖。孢子期11月。

【生长环境】分布武夷山洋庄、茶劳山等地山谷林下阴湿地。

【采集加工】全草全年可采，鲜用或晒干备用。

【性味功能】苦、凉；祛风除湿，活血止痛，清热解毒。

【用法用量】鲜品，牛、马150～300克，猪、羊50～100克，水煎灌服。

【主治应用】风火赤眼，风湿关节痛，乳腺炎等。

### 华中铁角蕨（铁角蕨属）*Asplenm sarelii* Hook

【药用部位】全草。

【形态特征】植株高10～20厘米。根状茎短，直立，顶部密被黑褐色、边有锯齿的披针形鳞片。叶簇生；叶柄较细弱，长4～8厘米，基部淡褐色，被线形鳞片，向上为绿色，光滑；叶片长圆状披针形，长10～12厘米，宽3～4厘米，顶端渐尖并为羽状裂，基部不缩狭，三回羽状；羽片约10对，互生，斜向上，卵状长圆形，基部一对略大或与其上的同大，长1.5～3厘米，宽1～2厘米，其余向上各羽片渐小；末回小羽片或深裂，顶部有粗齿；叶脉羽状，侧脉二叉，每裂片有小脉1条，不达齿尖；叶草质，两面无毛。孢子囊群长圆形，全缘。

【生长环境】生长于武夷山各地溪边岩石上。

【采集加工】全年可采，鲜用或晒干备用。

【性味功能】苦、寒；全草清热解毒，利咽止咳。

【用法用量】牛马45～90克，猪羊15～30克，水煎灌服。

【主治应用】肺炎、咳嗽、口腔炎。

### 长叶铁角蕨（铁角蕨属）*Asplenium prolongatum* Hook

别　名：定根草

【药用部位】全草。

【形态特征】多年生草本，高15～40厘米。根状茎短直立，顶端有披针形鳞片。叶簇生，叶柄长8～15厘米，叶片稍肉质，长方窄带形，长10～25厘米，宽3～4.5厘米，幼时疏生纤维状小鳞片，二回深羽裂，羽片近长方形，最终羽片窄条形，先端纯，叶脉薄羽状，上面隆起，每裂片有小脉1条，不达叶边；叶厚草质，两面无毛或疏生纤维状小鳞片，后变光滑；叶轴顶端常延长呈鞭状，裂片只有1个，囊群盖硬膜质，全缘，开向羽轴。

【生长环境】附生于林中岩石上或树杆上。

【采集加工】全草春至秋采收，洗净晒干备用。

【性味功能】辛、甘、平，清热除湿，活血化瘀，止咳化痰，利尿通乳。

【用法用量】牛、马60～90克，猪、羊15～30克，水煎喂服。

【主治应用】风湿疼痛，肠炎，痢疾，尿路感染，咳嗽痰多，跌打损伤，吐血，乳汁不通，外治外伤出血。

## 刺柏（刺柏属）*Juniperus formosana Hayata* in gard. chron. ser.

别　名：山刺柏、山杉、土檀香（武夷山民间）

【药用部位】根、茎、叶。

【形态特征】常绿乔木，树皮灰棕色，小枝下垂，有棱。叶3片轮生，条形，刺针状，先端硬化成刺状，基部有关节，叶面中脉两侧各有一条白色气孔带，叶背中脉突起。花单性，雌雄同株，单生叶腋，雄球花小，黄色；雌球花苞片3枚。球果红褐色。种子通常3枚，半圆形，春季开花结果。

【生长环境】野生于武夷山各地较干燥的山坡或栽培于庭院。

【采集加工】根、茎、叶秋冬采收，鲜用或晒干备用。

【性味功能】苦、凉，清热解毒。

【用法用量】牛、马60～90克，猪、羊15～30克；外用适量，捣烂敷患处。

【主治应用】各种疔疮肿毒等。

## 矮冷水花（冷水花属）*Pilea peploides*（Gaud.）Hook et Arn

别　名：蚯蚓草（武夷山民间）

【药用部位】全草。

【形态特征】一年生矮小草本，高5～28厘米。茎直立，肉质。叶对生，圆，菱或扁形，边缘中部以上有疏浅齿或全缘。聚伞花序腋生，花小单性，雌雄同株，雄花小，雌花密集，花被裂片小，果小卵形，3—6月开花结果。

【生长环境】生于武夷山各地的阴湿的坡地，岩壁上。

【采集加工】全草春秋采收，鲜用或晒干备用。

【性味功能】淡平，消肿解毒。

【用法用量】牛、马50～150克，猪、羊30～60克，水煎灌服。

【主治应用】毒蛇咬伤，疮疖痈肿，异物刺伤，乳腺炎，咽喉虚火等症。

## 蛇菇（蛇菰属）Balanophorajaponica Makino

别　　名：地杨梅〔武夷山民间〕

【药用部位】全草。

【形态特征】多年生肉质寄生草本，雌株高5～10厘米，雄株高达30厘米，根茎肥状呈不规则的快状结节，浅黄褐色，散生星状小突点，穗状花序自根茎顶端抽出紫红色，画笔状，直立肉质，花基上围有数层覆状排列的鳞片，卵状椭圆形，雌花穗卵状长圆形，密布雌花和小片，无花被，雄花序长达10厘米，花无柄，花被裂片4～6，9—11月开花。

【生长环境】生于武夷山林下阴湿地，寄生于木草植物根系末端。

【采集加工】全草、全年可采，鲜用或晒干。

【性味功能】苦、涩、凉，有小毒，清热凉血，消肿解毒。

【用法用量】牛、马30～45克，猪、羊15～30克。水煎喂服。

【主治应用】咳嗽，咳血，无名肿毒，蜈蚣咬伤。

## 天葵（天葵属）*Semia quilegia adoxoides*（DC.）Makino

别　名：紫背天葵、老鼠屎（武夷山民间）

【药用部位】全草。

【形态特征】多年生草本。根纺锤形，皮黑褐色，断面白色，茎丛生，有细纵棱，疏生柔毛。三出复叶，基生叶丛生，叶柄长2～14厘米，茎上部叶柄渐短至无柄，疏生柔毛；小叶宽卵状菱形或扁状圆形，2～3深裂，每裂片又2～3浅裂，叶面绿色，叶背常紫红色，具纤弱的小叶柄。花序顶生或腋生，有花1～3朵，白色微带紫红色，下垂，萼片5，花瓣5，骨突果长披针形，常4个聚生，呈星芒状，3—5月开花结果。

【生长环境】生于武夷山阴湿的山野、溪谷、路旁石缝中。

【采集加工】全草春季采收，鲜用或晒干备用；块根（天葵子）5—6月采挖洗净，去地上部和须根晒干或烘干备用。

【性味功能】甘、微苦、凉，清热解毒，散结消肿，利尿。

【用法用量】牛、马60～90克，猪、羊15～30克，外用研磨调敷。

【主治应用】疔疮肿毒，乳痈肿痛，跌打损伤，耕牛热症。石淋，蛇伤等。

【方例1】疔疮肿毒：天葵、紫花地丁、酸果草各60～90克，煎水，牛一次灌服，猪分2～3次喂服，其渣加糖捣烂敷患处。

【方例2】耕牛热症：天葵30克，白木槿花、车前草、夏枯草、淡竹叶、双钩藤、野菊花各60～90克。煎水喂服。

## 短萼黄连（黄连属）*Coptis chinensis Franch* var. *brevisepala* W. T. Wang et Hsiao

别　名：鸡脚黄连（武夷山民间）

药材名：黄连

【药用部位】根茎。

【形态特征】多年生草本，根状茎结苞状，横走，表皮黄褐色，断面黄色，具多数须根。叶基生，三全裂，两侧裂片又作不等2深裂，裂片卵状菱形，羽状深裂，边缘有细锯齿，叶面脉上有疏毛，叶背无毛，裂片具细柄，花小黄绿色，萼片5，卵状披针形。花瓣约12枚，果长5～8毫米，有柄。1—4月开花结果。

【生长环境】分布于武夷山坑口、茶劳山等高山林阴湿地或溪谷阔叶林下。

【采集加工】根茎全年可采，鲜用或晒干备用。

【性味功能】苦、寒，泻火燥湿，解毒消肿。

【用法用量】牛、马18~30克，猪、羊6~9克。

【主治应用】肠炎痢疾，口舌生疮，结膜炎，鼻衄、湿疹、咳血，青竹蛇咬伤等。

【方例1】仔猪黄痢：黄连20克加水1 000毫升，煮沸半小时，再加入广木香20克，续煎至500毫升，每日服2次至痊愈。

【方例2】犬传染性口炎：黄连10克、黄柏15克、薄荷15克、桔梗15克、青黛10克、冰片5克，共为细末，喷洒口内，同时用纱布卷药含于口内，每日3次，一周可愈。

【方例3】马白翳遮睛：黄连30克、硼砂60克、薄荷精1.5克，先将黄连加水500毫升用砂壶煎至汤约60毫升，冷却后加硼砂、薄荷精拌匀，用3层纱布过滤点眼，每日2~3次，常2~3次即见效，重者5次。

## 苦荞麦（荞麦属）*Fagopyrum tataricum*（L.）gaeren.

别　名：野荞麦、乌麦、花荞、金荞麦等

【药用部位】块根。

【形态特征】一年生草本，高可达
1米；茎直立，具细纵棱，小枝具乳头
状突起。叶润三角形或近箭形，长2～7
厘米，宽2～8厘米，顶端渐尖，基部心
形，全缘或微波状；两面脉上被乳头状
突起；叶柄在下部的长5厘米，在上部
的较短；叶托鞘斜形，膜质，长5～7
毫米。花白色或淡红色，排成开展的总
状花序，稍细长，被子乳头状突起；苞
片披针形；花梗细长，无关节；花被5
深裂，裂片长圆形；雄蕊8枚，较花被
短；子房近椭圆形，花柱3枚，极短。
瘦果圆锥状卵形，具3棱及三沟槽，棱
上部短，下部圆钝，黑褐色。花果期夏季。

【生长环境】生于武夷山岚谷乡等各地阴湿处，也有栽培。

【采集加工】秋冬季节茎叶枯萎时，割去茎叶，将根刨出，去净泥土，晒
干或趁鲜切片后晒干。

【性味功能】凉、平、甘，清热降火，理气止痛、固脾健胃。

【用法用量】鲜全草牛、马60～120克，猪、羊15～30克，水煎喂服。

【主治应用】风疹和各种炎症。

【方例1】牛结膜炎：荞麦（全草）120克、土茯苓120克、远志60克、黄
芩60克、知母60克、贝母60克、朴硝60克、石膏90克、栀子80克，加水7 500
毫升，煎至1 000毫升，1次灌服，连用2天。

【方例2】猪高热：荞麦（全草）90克、车前30克、金银花30克、连翘30
克、茅根30克、土细辛15克、薄荷15克，加水2 500毫升，煎至1 000毫升，去
渣，加石膏末60克，搅拌均匀，分2次灌服，连用2天。

【方例3】家畜疮黄热毒：荞麦250克、雄黄3克，共为细末，卤水调熬敷
患处。

## 尖叶唐松草（唐松草属）*Thalictrum acutifolium*（Hand-Mazz.）Boivin

别　名：土黄连〔武夷山民间〕

【药用部位】根。

【形态特征】多年生草本，高15～65厘米，根肉质，数条丛生，外皮黑褐色。基生叶1～3，2～3回三出复叶，具长柄；小叶阔卵形，菱形或倒卵形，不分裂或不明显的3浅裂，边缘具疏齿。具叶柄，茎生叶2，1～2回三出复叶，较小，复单歧聚伞花序稍呈伞房状，萼片4，宽倒卵形，粉红色，无花瓣，瘦果扁，狭随圆形，稍不对称，具纵肋，5—6月开花。

【生长环境】生于武夷山洋庄、茶劳山等山谷、林缘阴湿的坡地或岩壁上。

【采集加工】春季至秋季采收，剪去地上茎叶，鲜用或晒干备用。

【性味功能】微苦、凉，清热解毒，消肿止痛。

【用法用量】牛、马30～90克，猪、羊9～15克。

【主治应用】菌痢，肠炎，风火眼痛。

## 多枝唐松草（唐松草属）*Thalictrum ramosum* Boivin

别　名：水黄连、软水黄连、软杆子

【药用部位】全草。

【形态特征】多年生纤细草本，高30～40厘米，多分枝。叶互生，多凹奇数羽状复叶，小叶倒卵圆形，中部以上稍宽，上部三浅裂或有圆齿，长0.8～2厘米，宽0.6～1.8厘米，顶生小枝较大。花白色，集成顶生圆锥花序；果8～14个。根茎短，须根细长，尝之味苦。

【生长环境】生于武夷山各地林下、山坡阴湿处。

【采集加工】全草夏秋采，晒干扎把备用。

【性味功能】微苦、凉，清肝明目。

【用法用量】牛、马60～90克，猪、羊15～30克，水煎喂服。

【主治应用】急性结膜炎，痢疾，传染性肝炎，化脓感染。

## 濠猪刺（小檗属）*Berberis julianae* schneid

别　名：刺黄柏（通称）、三颗针、山黄连（武夷山民间）

【药用部位】根、茎。

【形态特征】常绿有刺灌木，高1～2米，根茎内部黄色，茎多分支，淡黄色，有棱刺三叉，坚而锐，有沟槽。叶革质，簇生，卵形、披针形或倒披针形，叶缘有带刺的疏浅齿。叶柄短，花黄白色，簇生于叶腋，小苞片3，萼片6枚；花瓣长椭圆形，顶端微凹，子房上位。浆果椭圆形，熟时蓝黑色，表面被淡蓝色粉，有宿存花柱，种子一粒，椭圆形。花期5—6月，果期8—10月。

【生长环境】武夷山城关、洋庄等地山坡灌木丛中均有生长。

【采集加工】全年可采，以秋季为佳，鲜用或晒干备用。

【性味功能】苦、寒，清热泻火，燥湿解毒，活血散瘀，杀虫止痛。

【用法用量】牛、马15～60克，猪、羊9～15克，煎汤灌服。

【主治应用】肠黄、黄疸、泻痢、湿疹、疮黄、疔毒，咽喉肿痛，风火赤眼，跌打损伤，瘀血肿痛。

## 八角莲（八角莲属）*Dysosma versipellis*（Hance）M. Cheng

别　　名：八角金盘、鬼臼

【药用部位】根。

【形态特征】多年生草本。根茎横走，粗壮，结节状。茎直立，光滑无毛，不分枝。叶1片，很少两片同生于一茎上；盾状着生，近圆形，叶面光滑，边缘6～8浅裂，裂片宽三角状卵形。有针状细齿，叶柄长10～15厘米，花4～8朵簇生于二叶柄的交叉处，下垂，萼6片，花瓣6，紫红色，先端有皱纹。浆果近球形，黑色，4—6月开花，果期9—10月。

【生长环境】武夷山星村、兴田、洋庄等地山谷林下阴湿处常有生长，家庭庭院亦有栽培。

【采集加工】夏秋采收，鲜用或晒干备用。

【性味功能】苦、微平，凉，有小毒。祛痰散结，清热解毒，活血散瘀。

【用法用量】牛、马15～30克；猪、羊6～12克，煎汤灌服。

【主治应用】痈疮疔肿、蛇虫咬伤，跌打损伤。

【方例1】牛咽喉肿痛：八角莲根15克加冰片3克，捣烂挤汁，滴入喉中。

【方例2】皮肤肿毒：鲜八角莲一块，用米醋磨汁，鸡毛浸刷患处。

血水草（血水草属）*Eomecon chionantha* Hance

别　　名：土黄莲（武夷山民间）

【药用部位】根。

【形态特征】多年生草本，全株无毛，被白粉，含有金黄色液汁。根茎粗壮，横生，外皮黄色，折断面橙黄色，茎紫色，叶基生，卵状心形，先端急尖，茎部心形，边缘有波状粗齿，叶柄长11～30厘米，基部鞘状，花茎从叶丛中抽出，聚伞花序伞房状，有花3～5朵，花较大萼片2，下部合生早落，花4瓣，白色蒴果，长圆形，春夏季开花结果。

【生长环境】生于武夷山各地山谷、林下，阴湿处。

【采集加工】夏秋采收，鲜用或晒干备用。

【性味功能】苦、寒，有小毒，清热利湿，消肿解毒。

【用法用量】牛、马30～60克，猪、羊15～20克。

【主治应用】支气管炎，结膜炎，疔疮疖肿，跌打损伤，毒蛇咬伤。

## 华南十大功劳（十大功劳属）*Mahonia japonica* DC.

别　　名：土黄柏（武夷山民间）

药材名：十大功劳

【药用部位】全株。

【形态特征】常绿灌木，高达0.5～2米，茎直立，少分枝；全株无毛。叶多聚生于茎的近顶部，一回奇数羽状复叶，长约45厘米；小叶11～17片，厚革质，卵状椭圆形，稀为近披针形，长4～10厘米，宽2.5～3.5厘米，顶端渐尖，有利刺，基部圆形或近截形，近缘每侧有2～6粗大刺状齿，上面暗灰绿色，下面暗灰黄色，两面无毛，叶脉不明显；侧生小叶无柄，顶生小叶有柄，总叶柄长，基部扩大抱茎。总状花序下垂，长10～25厘米，约10个簇生；花黄色；苞片卵形至披针形，长5～8毫米；花梗长6～7毫米；萼片6片，卵形，长2.5～7毫米，内轮较大；花瓣6片，与

萼片相似；雄蕊6枚。浆果卵球形，长约8毫米，直径约4毫米，熟时深紫色，有白粉。花期3—6月，果期8—10月。

【生长环境】武夷山各地较阴湿的山坡灌木丛中或林下常见。

【采集加工】全株供药用，全年可采；鲜用或洗净晾干备用或切片晒干备用。

【性味功能】辛、微苦，清热燥湿，解毒止痢。

【用法用量】牛、马60～90克，猪、羊15～30克，水煎喂服。

【主治应用】治痢疾，湿热黄疸，白带、关节炎等症。

【方例1】猪无名高热：十大功劳适量，切片煎汁，过滤去渣，分装消毒备用。小猪肌注5～10毫升/头，大猪10～15毫升/头，2～3次/天，连用3～5天。

【方例2】猪毒痢：十大功劳40克，白头翁60克，龙胆草30克，大蒜100克，上药为50千克体重1次用量，共水煎合大蒜（捣烂）灌服。

### 三叶萎陵菜（委陵菜属）*Potentilla freyniana* Bornm.

【药用部位】全草。

【形态特征】多年生草本，主根粗短，茎细弱，稍葡匐，有毛。三出复叶，基生叶具长柄，茎生叶柄短，顶生小叶菱状倒卵形，侧生小叶斜卵形，边缘有粗齿，近基部处全缘，叶面具疏毛或近无毛。叶背脉上较密，几无小叶柄。稀疏的聚伞花序顶生；总花梗和花梗有毛，副萼5，花萼5裂，有毛；花冠黄色，花瓣5，倒卵状椭圆形，瘦果卵形，黄色，无毛，有小皱纹，5—6月开花。

【生长环境】武夷山城关等山坡湿地均有生长。

【采集加工】夏秋采收，鲜用或晒干备用。

【性味功能】微苦、涩、凉，清热止血。

【用法用量】牛、马45～90克，猪、羊15～45克。

【主治应用】肠炎痢疾，外伤出血，跌打损伤、痈疮疔毒，乳房炎。

【方例】化脓疼痛：三叶萎陵菜、紫花地丁各适量，同捣烂，调密敷患处。

**武夷槭（槭属）**Acer wuyishanicum Fang et Tan in *Acta Phytoax. Sin.*

【药用部位】根、茎、叶。

【形态特征】常绿乔木，高约10米，树皮褐色，粗糙；小枝褐色，无毛，密生皮孔，近圆形，黄色，冬芽锥形，鳞片卵形，覆瓦状排列。单叶，对生，革质，长椭圆形，长6～7厘米，宽2～3厘米，顶端短锐尖，基部圆形，全缘，干后稍反卷，叶片正面绿色，背面灰色，微被白粉，中脉两面显著，侧脉5～6对，上面不明显，基部1对达叶片中部，网脉不明显；叶柄长2～3厘米，无毛。花未见。果序伞房状，长5～6厘米，无毛。翅果黄色，翅连同小坚果长约2.5厘米，翅的中部宽7～8毫米，基部狭窄，张开成锐角；小坚果凸起，长约5毫米。果期9月。

【生长环境】分布于武夷山各地高山坡地、疏林中。

【采集加工】全年可采，鲜用或晒干备用。

【性味功能】寒、凉、涩，清热燥湿，止痒。

【用法用量】牛、马30～60克，猪、羊10～20克。

【主治应用】皮炎、湿疹，风热感冒。

**凤仙花（凤仙花属）**Impatiens chinensis **L.**

别　名：水边指甲花

药材名：根：凤仙根；茎：凤仙透骨草；花：凤仙花；种子：急性子

【药用部位】根、茎、花及种子。

【形态特征】一年生草本，高30～60厘米，茎下部平卧，生不定根，上部直立。叶对生，条形，条状长圆形或长倒卵形，先端急尖或钝，基部圆或近心形，边缘疏生小锯齿，叶背粉绿色，叶柄短或近无柄，基部两侧有2至3枚托叶状的刺毛。花2～3朵，聚生叶腋，粉红色或白色，花梗通常驻长于叶；花冠旗

瓣圆形，背面中脉有狭龙骨突，先端具小突尖翼瓣无柄，半边倒卵形，基部一侧有牙，蒴果椭圆形，成熟时弹裂，6—10月开花结果。

【生长环境】武夷山各地田边、沟旁湿地上随处可见。

【采集加工】根：秋季采挖根部，洗净，鲜用或晒干。茎：夏秋割取地上部分，鲜用或晒干备用。花：夏、秋季开花时采收，鲜用或阴、烘干。种子：蒴果成熟时采摘，脱粒，筛去果皮杂质即得。

【性味功能】苦、辛、平，清热活血，消肿拔脓。

【用法用量】牛、马15～30克，猪、羊10～15克。

【主治应用】肺结核、咽喉肿痛、痢疾、痈肿。

【方例1】母牛难产：急性子、香附子、桃仁、红花、归尾、龟板、炮姜、芡实叶（捣烂），煎水喂服，水酒为引。

【方例2】胎衣不下：急性子、车前子，煎水喂服。

【方例3】小牛拉白屎：急性子30克研成细末，食盐少许，和水调服，灌服。

## 三叶崖爬藤（崖爬藤属）*Tetrastigma hemsleyanum* Diels et Gilg.

别　名：三叶青、金线吊葫芦（武夷山民间）

【药用部位】根。

【形态特征】多年生草质攀缘藤本。块根卵形或椭圆形，棕褐色。茎细弱，下部节着地生根，卷须与叶对生，不分枝。掌状复叶对生，小叶3枚，革质，中间小叶稍大，卵状披针形，两侧小叶基部偏斜，边缘具疏锯齿。聚伞花序腋生，花小、黄绿色，花梗有短毛；花萼小，花瓣4。浆果球形，熟时鲜红褐色，后变黑色。5—6月开花，7—9月果熟。

【生长环境】零星分布各地山谷林下等草丛或石缝中。

【采集加工】块根：全年可采，鲜用或晒干浸入酒中5～7天后取出阴干。

【性味功能】微苦，凉；清热解毒，散瘀消肿，止咳化痰。

【用法用量】鲜品牛、马60～120克，猪、羊30～50克。

【主治应用】疮癀肿毒，毒蛇咬伤，跌打损伤，筋骨疼痛，肺热咳嗽，急慢性肾炎，高热惊厥。

## 毛花猕猴桃（猕猴桃属）*Actindia eriantha* Benth.

别　名：毛冬瓜、毛花杨桃（武夷山民间）

【药用部位】根，叶。

【形态特征】落叶藤本，幼枝密生灰白色绒毛，后渐脱落，髓部白色，片状。叶互生，卵状椭圆形、阔卵形或近圆形，边缘针状小锯齿，叶面绿色，叶背密生灰白色星状绒毛，叶柄密被绒毛。花瓣5～6，淡红色。浆果蚕茧状，密生白色绒毛。4—6月开花，6—10月果熟。

【生长环境】广布于武夷山各地山谷、溪边及林缘灌木丛中。

【采集加工】根全年可采，叶夏秋采，均鲜用或晒干备用。

【性味功能】根：淡、微辛、寒，清热利湿，化痰宣肺；叶：微苦、辛、寒，消肿解毒，止血祛瘀。

【用法用量】鲜品根：牛、马120～200克，猪、羊30～60克。

【主治应用】根：治风湿关节痛，肺结核、痢疾、白带；叶：治痈疽肿毒，乳痈，跌打损伤，骨折刀伤，冻疮溃破。

## 中华猕猴桃（猕猴桃属）*Actinidia chinensis Planch.* in Hook. Lond. Journ. Bot.

别　名：羊桃

【药用部位】根。

【形态特征】落叶藤本，小枝连同叶柄密被厚薄不等的灰白色或灰棕色绒毛，老枝无毛；髓大层片状，白色至淡褐色。叶纸质，倒阔卵形至近圆形，长

6～13厘米，宽7～14厘米，顶端平截，微凹或突尖，基部浅心形至圆形有时钝，边缘具睫毛状细齿，叶面脉上被柔毛或短糙毛，叶背灰白色星状绒毛；叶柄软弱，长3.5～10厘米，聚伞花腋生，1～3朵，花开先白后变黄色。萼片5，花瓣5，浆果球形至长圆形，长4～5厘米，直径达4厘米，具棕黄色斑点。花期5—6月，果期9—10月。

【生长环境】分布于武夷山各地山坡灌丛中。

【采集加工】根全年可采，茎5—10月采收，果成熟时采收。

【性味功能】酸、涩、凉，清热解毒，活血化瘀。

【用法用量】牛、马60～120克，猪、羊15～30克。

【主治应用】风湿关节痛，跌打损伤，各种炎症等。

## 葛枣猕猴桃（猕猴桃属）*Actinidia polygama*（sieb. et Zucc.）Maxim.

别　名：木天蓼、葛枣子

【药用部位】根、茎叶。

【形态特征】落叶藤本；小枝无毛或顶部略被柔毛；髓心实，白色。叶膜质至薄纸质，卵形或卵状阔椭圆形，长7～12厘米，宽4.5～7.5厘米，顶端急渐尖，基部圆形或阔楔形，边缘具细锯齿，上面绿色，散生少数小刺毛，有时楠部变白色或淡黄色，下面浅绿色，沿中脉及侧脉疏被卷曲的微柔毛；叶柄长1.5～3.5厘米，无毛，聚伞花序腋生，具1～3朵；花白色；总花梗长2～3毫米，花梗长6～10厘米，均疏被细绒毛；萼片5片，卵形或长方状卵形，两面疏被微柔毛或近无毛；花瓣5片，倒卵形或倒卵状椭圆形，外面2～3片有时疏被微绒毛，雄蕊多数，花药黄色；子房瓶状，无毛。浆果卵球形或柱状卵球形，长2～3厘米，成熟时橙黄色，无毛，无斑点，顶端具喙，基部有宿存萼片。花期6—7月，果期8—10月。

【生长环境】分布于武夷山各地高山丛林中。

【采集加工】根：全年可采。茎、叶6—10月采收，果：成熟时采。

【性味功能】寒、凉，清热燥湿。

【用法用量】牛、马60～120克，猪、羊15～30克。

【主治应用】各种疔毒肿痛。

## 软枣猕猴桃（猕猴桃属）*Actinidia arguta*（aieb. et Zucc.）Planch. ex Miq.

【药用部位】果实

【形态特征】落叶藤本，小枝幼时疏被柔毛，后变无毛；髓心层片状，白色至淡褐色，叶膜质至薄纸质，阔椭圆形至倒阔卵形，稀为卵状长椭圆形，长6～12厘米，宽3.5～8厘米，顶端急尖至短尾尖，基部圆形或浅心形，有时阔楔形，通常稍偏斜，边缘具锐尖的密锯齿，上面无毛，下面仅脉腋具灰白色髯毛，绿色，不被白粉；叶柄长3～5.5厘米，无毛或疏被卷曲柔毛。聚伞花序腋生，具3～7花或有时单花；总花梗长6～10毫米，花梗长6～12厘米，均被微柔毛，花绿白色，萼片5，有时4或6片，卵圆形或长圆形，边缘具纤毛；花瓣5，有时4或6片，楔状倒卵形或长圆形，常不等大，雄蕊多数，花药暗紫色；子房瓶状，无毛。浆果柱状长圆形或圆球形，长2～3厘米，成熟时黄绿色，无毛，无斑点，顶端具钝喙，基部无宿存萼片，6—7月开花，9—10月结果。

【生长环境】生于武夷山各地山谷杂木林或山顶矮林下。

【采集加工】果秋季成熟时采收，鲜用或晒干备用。

【性味功能】性平，味甘酸，滋补强状，解热收敛。

【用法用量】牛、马60～120克，猪、羊15～30克。

【主治应用】壮腰健肾，耕牛阳萎、滑精、泄泻等。

## 黄瑞木（黄瑞木属）*Adinandra millettii*（Hook. et. Ar n.）Benth.

别　名：毛药红淡、乌必子（武夷山民间）

【药用部位】根。

【形态特征】灌木或小乔木，幼时有毛，老枝无毛。叶互生，革质，长圆状椭圆形，全缘，具短柄。花单生叶腋，苞叶2枚，披针形，萼片5枚，卵形，花冠裂片5，浆果球形，熟时黑褐色，6月开花结果。

【生长环境】广布于武夷山各地山坡灌木丛中。

【采集加工】全年可采，鲜用或晒干备用。

【性味功能】苦、凉；凉血止血，消肿解毒。

【用法用量】牛、马160～180克，猪、羊50～80克。

【主治应用】传染性肝炎，衄血，尿血，腮腺炎，疖肿。

【方例】牛腹泻：黄瑞木根1 000克，羊耳菊1 000克，岩肝250克，川连适量，甘草125克，切碎煎内服。

## 金丝梅（金丝桃属）*Hypericum patulum* Thunb.

别　名：芒种花、云南连翘、土连翘

【药用部位】全株。

【形态特征】小灌木，高约1米，幼枝褐红色，叶对生，卵形、长卵形或卵状披针形，先端钝或尖，有小突尖，基部渐狭或圆，全缘。叶背散布油点，叶柄极短。花成聚伞花序或单生枝端，金黄色；萼片5，卵形，花瓣5，蒴果卵形，有宿存萼。4—10月开花结果。

【生长环境】分布武夷山市洋庄等地山谷、溪边林缘灌丛中。

【采集加工】根：全年可采。嫩枝、叶：夏季采。果：秋季采，均鲜用或晒干备用。

【性味功能】微苦、辛、寒，清热解毒，凉血止血。

【用法用量】牛、马60～90克，猪、羊15～30克。

【主治应用】全草治感冒咳嗽、痢疾、肝炎、淋浊；根：治便血，劳伤乏力，缺乳；果：治鼻衄。

## 金丝桃（金丝桃属）*Hypericum chinense* L.

别　名：金腺海棠

【药用部位】根、叶、果。

【形态特征】半常绿灌木，高80厘米，小枝红褐色，叶对生，长圆形，先端钝尖，基本楔形而稍抱茎，全缘，有透明腺点，聚伞花序顶生，花黄色；花萼5，卵状长圆形，先端微钝，花瓣5，宽倒卵形，雄蕊多数，基部成5囊，较花瓣长；子房上位，花瓣细长，顶端5裂。蒴果卵圆形，具宿存的萼。5—9月开花结果。

【生长环境】生于武夷山各地山坡阴湿处。

【采集加工】根：全年可采。叶：夏秋采。果：成熟时采，均鲜用或晒干备用。

【性味功能】苦、凉，清热解毒，祛风消肿。

【用法用量】牛、马50～80克，猪、羊15～30克。

【主治应用】根、叶：治急性咽喉炎，结合膜炎，肝炎，腰膝酸痛，疖，毒蛇咬伤。果：治肺结核。

## 南紫薇（紫薇属）*Lagerstroemia subcostata* **Koehne.**

别　　名：九荆、构那花等

【药用部位】根、花。

【形态特征】落叶灌木或乔木，高2米至数米，小枝圆柱形，幼时梢4棱，被细柔毛或近无毛。叶对生或近对生，有时上部互生，纸质，椭圆状长圆形，长2～9厘米，宽1.2～3.2厘米，顶端通常短渐尖。两面中脉通常被短柔毛，余常无毛，侧脉5～8对，叶柄长2～3毫米，被细柔毛，花小白色或玫瑰红色，密生，直径约1厘米；花梗长3～4毫米，4棱，被细柔毛，花萼3.5～4.5毫米，顶端4～6浅裂，裂片三角形，雄蕊10～30枚，着生于萼筒基部，子房球形无毛，蒴果椭圆形，种子小，连翅长5.5～6.5毫米，花3—5月，果6—10月。

【生长环境】武夷山市各庭院有栽培。

【采集加工】根常年可采，花3—5月采收；均鲜用或晒干备用。

【性味功能】辛、温、微苦，散瘀活血，清热解毒。

【用法用量】牛、马60～90克，猪、羊15～30克。

【主治应用】无名肿毒，外伤、跌打损伤。

## 梾木（梾木属）*Cornus macrophylla* Wall.

【药用部位】根、叶。

【形态特征】落叶乔木或灌木，高达15米，嫩枝疏生微柔毛，后渐无毛，栗褐色，叶对生，椭圆状卵形至长圆形，长8～16厘米，宽4～8厘米，顶端短尖至渐尖，基部阔楔形至近圆形，边缘全缘或稍波状，侧脉5～8对；叶柄长1～5厘米，无毛。花小，聚伞花序圆锥状顶生，花瓣长圆状披针形，长约4毫米，雄蕊长4～5毫米，子房下位，花柱棍棒状宿存。核果球形，兰黑色。

【生长环境】广布于武夷山洋庄、吴屯等各地山林中或人工栽培为油料植物。

【采集加工】叶夏、秋采收，根全年可采。均鲜用或晒干备用。

【性味功能】寒、凉，叶清热燥湿，活血消肿。

【用法用量】鲜叶：牛、马50～80克，猪、羊15～30克。

【主治应用】痢疾、便血、痈疽疮毒。

**九管血（紫金牛属）** *Ardisia brevicaulis* Diels.

别　名：血党

【药用部位】根。

【形态特征】矮小灌木，高10～20厘米，有分枝，有匍匐茎。叶互生或近对生，长卵形或长圆形，全缘，叶缘有不明显腺点，叶背有褐色细柔毛，并疏生腺点，侧脉10～13对，先端联结成不整齐或不清晰的边脉。伞形花序顶生，花萼5裂，花5瓣粉红色，果球形，熟时红色，6—12月开花结果。

【生长环境】生于武夷山上梅、洋庄等各地山坡林下阴湿处。

【采集加工】秋冬挖，鲜用或晒干备用。

【性味功能】苦、涩、寒，清热利咽，活血消肿。

【用法用量】牛、马45～90克，猪、羊15～30克。

【主治应用】咽喉肿痛，风湿关节痛，跌打损伤，毒蛇咬伤，痈肿。

## 龙胆（龙胆草属）*Centiana scabra* Bunge.

别　名：胆草（武夷山民间）

【药用部位】全草。

【形态特征】多年生草本，高35～100厘米，根茎短簇生，多数黄白色或棕黄色细长的根，茎直立，不分枝，略具四棱，绿色稍带紫色；叶对生，基部叶2～3对，小鳞片状，中部及上部叶卵状披针形，先端尖，基部抱茎，茎出3脉，花簇生基顶及上部叶腋，苞片披针形，花冠钟形，蓝紫色5裂，裂片卵形，其间有5褶，蒴果长圆形，有柄，种子小，条形褐色，9—11月开花结果。

【生长环境】分布于武夷山五夫、洋庄等地较高山的阴湿灌木丛中。

【采集加工】全草夏、秋采收，均鲜用或晒干备用。

【性味功能】苦、寒，清热燥湿，解毒定惊。

【用法用量】牛、马30～50克，猪、羊10～20克。

【主治应用】对各种杆菌等有抑制作用。

## 中国双蝴蝶（双蝴蝶属）*Tripterospermum chinense*（Migo）H. Sm. tx. S. Nilsson.

别　名：肺形草

【药用部位】全草。

【形态特征】多年生草质藤本，长可达1.5米，茎生叶交互对生，通常4片，平铺地面，椭圆形或倒卵状椭圆形，全缘，叶昏紫色，基出3脉，基生叶对生，披针形或卵状披针形，花或深腋生，萼筒5裂，花冠狭钟形，淡紫色，先端5片裂，蒴果长圆形，种子多数，有翅，8—12月开花结果。

【生长环境】生于武夷山上梅、五夫等各地林下或林缘山坡阴湿地。

【采集加工】全草夏、秋采收，均鲜用或晒干备用。

【性味功能】苦、寒，清热解毒，排肿消肿，宁咳止血。

【主治应用】肺脓疡、肺结核、咳嗽、肾炎、乳腺炎、疔疖痛肿，高热等。

【用法用量】本品鲜品：牛、马60～90克，猪、羊15～30克。

## 双蝴蝶（双蝴蝶属）*Tripterospermum affine*（Wau）H. Sm.

别　名：黄金线、胡地莲

【药用部位】全草。

【形态特征】多年生缭绕草本，全株无毛。茎具棱或条纹。叶对生，基生叶密集，节间极短，椭圆形、倒卵状椭圆形或阔卵状披针形，长4～9厘米，宽2～4.5厘米，顶端钝或急尖，基部圆或钝，两面具紫色斑纹，无叶柄；茎生叶卵状披针形，长4～10厘米，宽1.5～3.8厘米，基生脉3条或有时5条而外侧1对不明显，叶柄长4～18毫米，基部相连生，花白色或蓝色，具紫色条纹；花梗长约3毫米，花冠筒长3～3.5厘米，裂片5，卵状三角形，长5～6毫米，花期8—10月，种子多数，三棱形，其中一棱上的翅远较另二棱上翅为窄；果期10—12月。

【生长环境】武夷山上梅等各地林下草丛中均有生长。

【采集加工】全草及根、茎全年可采，鲜用或晒干备用。

【性味功能】苦、寒，清肺止咳，解毒消肿。

【用法用量】牛、马60～120克，猪、羊30～45克。水煎喂服。

【主治应用】外感风热引起的咳喘，痈肿疮毒等。

## 柳叶白前（鹅绒藤属）*Cynanchum stauntonii*（Decne.）Schltr. ex Levl.

别　名：白前（通称）、水柳仔（武夷山民间）

【药用部位】全草。

【形态特征】多年生直立草本，高25～70厘米，根状茎细长，横走或斜生，节处生须根，茎单一或分枝，圆柱形，具细棱，叶对生，条状披针形，全缘，聚伞花序腋生，不分枝，有3～8朵花，花小，花萼5深裂，花冠5深裂，紫红色，花冠裂片盾形，短于蕊柱，骨突果长角状，种子黄棕色，顶端有一簇，白色，5—8月开花，7—10月结果。

【生长环境】生于武夷山洋庄、城关等各地小溪边或浅水沟等处。

【采集加工】全草夏秋采收，鲜用或晒干备用。

【性味功能】微苦、凉，宣肺祛痰，清热利湿。

【用法用量】鲜品：牛、马125～180克，猪、羊45～60克。

【主治应用】感冒咳嗽，中暑发痧，咽喉肿痛，尿路感染，跌打损伤，便秘。

【方例1】牛便血、尿血：本品125克、野牡丹500克、鱼鲜草125克、丝瓜叶250克，捣烂浸冷水1小时，取汁内服（武夷山民间）。

【方例2】肺热咳嗽：本品、白花蛇舌草各150～180克，水煎服。大家畜1次喂服。

【方例3】牛中暑发痧：鲜本品250克，鲜牡荆叶、鲜辣蓼叶各180克，共捣烂冷水冲服。

## 豆腐柴（豆腐柴属）*Premna microphylla* Turcz.

别　　名：腐婢、山膏药（武夷山民间）

【药用部位】根。

【形态特征】落叶灌木，高1~3米。有臭气。根皮可剥落成薄片状，茎多分枝，幼枝方形；有柔毛，叶对生卵形或椭圆形，全缘或上半部有疏齿，两面有短柔毛。叶揉烂有黏液。圆锥花序顶生或腋生，花小，花萼杯状5浅裂，花冠淡黄色，2唇形。果圆形，成熟时紫色，6—8月开花结果。

【生长环境】广布于武夷山各地山坡、路边灌木丛中。

【采集加工】根夏、秋采，鲜用或晒干备用。

【性味功能】苦、微辛，凉。清热解毒。

【主治应用】急性肝炎，中暑、痢疾便血、创伤出血，痈肿疔疖，昕蛇咬伤。

【方例】青竹蛇咬伤：本品（背太阳采）适量加红糖捣烂敷伤口周围或另加菖蒲头同敷伤口。

## 白英（茄属）*Solanum lyratnm* Thunb.

别　　名：白毛藤（武夷山民间）

【药用部位】全草。

【形态特征】多年生蔓生草本，长可达5米，被柔毛，叶互生，卵形或长卵形，先端尖，基部心形，全缘或近基部3~5深裂，聚伞花序侧生或叶对生，花萼紫色或白色，浆果球形，熟时红色8—10月开花，9—11月结果。

【生长环境】广布于武夷山城东、洋庄等各地山坡阴湿的灌木丛中。

【采集加工】全草春至夏秋采收，鲜用或晒干备用。

【性味功能】微苦、凉、有小毒，清热利湿，消肿解毒。

【用法用量】鲜品牛、马180～250克，猪、羊30～60克。

【主治应用】黄胆性肝炎，疔疮肿毒，痢疾高热，惊厥，风火赤眼，急性肾炎。

【方例1】猪流感：白英30克、一枝黄花30克、牡莉30克、桔皮9克，水煎服。

【方例2】猪子宫炎：白英30克、菝葜90克，水煎服。

## 玄参（玄参属）*Scrophularia ningpoensis* Hemsl.

别　名：元参（通称）

药材名：玄参

【药用部位】根。

【形态特征】多年生草本，高60～120厘米，根圆锥形或纺锤形，外皮灰黄褐色，内部干时变黑，茎常带紫色，叶对生，卵形或卵状披针形，边缘具细密的锐锯齿，聚伞状圆锥花序，大而疏散，顶生，花梗小苞片具腺毛，花萼5裂，几节基部，花冠暗紫色，5裂，蒴果卵圆形，具宿存萼，7—11月开花结果。

【生长环境】武夷山吴屯、岚谷、上梅等地荒地草丛中常见。

【采集加工】块根10—11月采挖，剪去须根和节头，暴晒5～6天，常翻动防冻（冰冻，空心至内部变黑）再反复堆晒至干燥，阴雨天可烘干；本品易潮，应贮藏于干燥通风处，叶通常鲜用。

【性味功能】苦、咸、寒，滋阴降火，生津润燥，清热解毒，软坚燥结。

【用法用量】牛、马15～45克，猪、羊6～12克，本品反藜芦。

【主治应用】主治咽喉肿痛，肺热咳喘，淋巴结核，赤眼，丹毒，痹痛。

【方例1】家畜咽喉肿痛：玄参60～90克或加牛蒡子、银花各30～60克，水煎大家畜一次服；中家畜分3～4次喂服。

【方例2】牛蹄冠炎、关节扭伤、外伤感染：玄参鲜根加食盐少许，火上烤熟，捣烂敷患处。

## 阴行草（阴行草属）*Siphono stegia chinensis* Benth

别　名：金钟茵陈、（武夷山民间）、北刘寄奴、土茵陈

药材名：阴行草

【药用部位】全草。

【形态特征】一年生草本，干时黑色，密被锈色短毛，杂有少数腺毛，茎上部多分枝，稍具棱角，叶对生，广卵形，1～2回羽状，全缘，小裂片条形，无柄或有短柄，花集生枝梢成带叶的总状花序，小苞片1对，条形花萼长筒状，有10条明显的纵棱，先端5裂，花冠二唇形，上唇红紫色，外被长纤毛，下唇黄色，先端3裂，高隆成瓣状，蒴果披针状长圆形，包于宿存的萼筒中，5—8月开花结果。

【生长环境】武夷山洋庄、吴屯等各地山坡、路旁、灌丛中常见。

【采集加工】夏秋季节采收，鲜用或晒干备用。

【性味功能】微苦、寒，清热利湿，消肿解毒，祛瘀止痛。

【用法用量】牛、马90～180克，猪、羊30～60克，孕畜气血虚弱无瘀滞者忌服。

【主治应用】产后瘀滞绞痛，跌打损伤，小便不利，肝炎，血淋，中暑，疔、疖、癣。

【方例1】牛中暑发痧：鲜本品90～180克，捣烂取汁加白糖125克为引，凉水冲服。

【方例2】耕牛血尿：本品、车前草各120～180克，土茯苓90克，水煎喂服。

## 绵毛鹿茸草（鹿茸草属）*Monochasma savatieri* Franoh.

别　　名：花茸茸草、白鼻蜈蚣（武夷山民间）

药材名：鹿茸草

【药用部位】全草。

【形态特征】多年生草本，高10~30厘米，全株有白色绒毛，茎细而较硬，自基部分枝呈丛生状，叶对生或三片轮生，狭长披针形，长1~2厘米，无柄，花冠唇形，淡紫红色，单生茎上部的腋，蒴果长圆形，种子多数，花期3—4月。

【生长环境】生于荒坡、林缘灌丛中。武夷山洋庄、星村等地随处可见。

【采集加工】全草，全年可采，鲜用或晒干备用。

【性味功能】甘、涩、寒，清热解毒，凉血止血。

【用法用量】牛、马125~180克；猪、羊24~30克。

【主治应用】肺热咳嗽，高热惊风，痢疾肠炎，劳伤吐血，乳痈。

【方例1】小猪肺炎：本品24克，白英、阴地蕨各12克，水煎喂服。

【方例2】家畜痢疾肠炎：全草125~180克，水煎大家畜1次灌服。

【方例3】母畜乳腺炎：本品单味加柳叶白前等量水煎服。

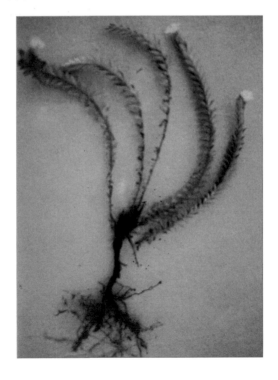

## 野菰（野菰属）*Acginetia indica* Roxb

别　名：茅花（武夷山民间）

药材名：野菰

【药用部位】全草。

【形态特征】一年生寄生草木，高15～30厘米，茎于基部处有少数分枝，淡黄色或带红色，叶鳞片状，稀而少，花单生，斜侧，淡紫红色，花萼佛焰苞状，一侧倾斜，远于花冠中下部，花冠筒状，弯曲，先端5片裂，唇形，裂片近圆形，蒴果卵圆形，熟时褐色，2瓣裂，种子小多数，8—10月开花结果。

【生长环境】多生于五节芒丛生的山坡阴湿地，武夷山黄墩、村尾等地随处可见。

【采集加工】全草夏秋采收，鲜用或晒干备用。

【性味功能】甘、凉，有小毒；解毒消肿，清热利湿。

【用法用量】牛、马30～60克，猪、羊10～20克。

【主治应用】肝炎、肾炎、鼻出血、脱肛、疔、疖肿毒，尿闭、咳嗽。

## 吊石苣苔（吊石苣苔属）*Lysionotus pauciflorus* Maxira

别　名：石吊兰、条子三七、过山香

药材名：石吊兰

【药用部位】全草。

【形态特征】常绿短小半灌木。茎上1～30厘米，常多弯曲，少分枝，匍匐，下部常生不定根。叶对生或数片轮生，厚革质，长圆状披针形，长2～6厘米，先端稍钝，基楔形，边缘中部以上疏生锯齿，下部全缘或波状。花单或1～4朵聚集成聚伞花序腋生；苞片小，革质，早落；花萼管状，5裂；花冠管状，白色，常带紫色，近二唇形，先端5裂；雄蕊4；子房上位1室。蒴果条形，长7～10厘米。种子多数，有毛。花期6—8月，果期8—11月。

【生长环境】生长武夷山武夷等地山野岩石或树上。

【采集加工】全草夏秋采收，鲜用或晒干备用。

【性味功能】苦、微温。活血通瘀，清热降火，祛风除湿。

【用法用量】牛、马90～15克，猪羊15～24克，煎汤灌服。

【主治应用】肺结核、风湿关节痛，腰痛，跌打损伤，猪牛、火症，小猪烂皮症。

## 玉叶金花（玉叶金花属）*Mussaeda pubesscens* Ait. f.

别　名：土甘草、凉茶藤

药材名：玉叶金花

【药用部位】全草。

【形态特征】藤状小灌木，高1～2米，小枝被柔毛，叶对生，有时近轮生，卵状披针形，全缘、叶面近无毛或被疏毛，叶背毛较密，叶柄短，托叶三角形，二深裂，聚伞花序顶生，苞片线形被毛，萼筒陀螺形，被毛，裂片5，条状披针形，其中有些裂片扩大呈叶状，白色，卵形，花冠黄色，浆果球形，干后黑色，6—9月开花，8—10月结果。

【生长环境】生于武夷山景区、星村等地山坡林缘路边较阴的灌木丛中。

【采集加工】全草夏秋采收，鲜用或晒干备用。

【性味功能】甘、微苦、凉，清热除湿，消食和胃，解毒消肿。

【用法用量】鲜品，牛、马180～240克，猪、羊60～90克。

【主治应用】风热感冒，中暑发热，咽喉肿痛，口腔溃烂，湿热泄泻，小便不利，水肿胀满，肠黄作泻，疮疡肿毒，急性乳腺炎，解断肠草、木薯、毒菇中毒。

【方例1】牛中暑下痢：鲜玉叶金花90克、鲜白头翁120克、鲜鬼针草120

克、鲜马鞭草120克，以上各味药加水5 000毫升，煎浓，去渣，调红糖250
克，分2次灌服，连用2~3次。

【方例2】牛瘤胃积食：玉叶金花500克、萆薢克、生菜油300毫升，先将
药煎水取汁，待温加入菜油1次灌服。

【方例3】断肠草中毒：玉叶金花鲜根60~90克或干根30~60克，水
煎服。

**杏香兔耳风（兔耳风属）*Ainsliaea fragrans* Champ.**

别　　名：一枝香

药材名：杏香兔耳风

【药用部位】全草。

【形态特征】多年生草本。根茎短
缩，生多数黄色细根，全株有黄棕色
毛。叶基生长卵形，大小不等，先端钝
尖，基部心形，全缘疏生密齿刺，秋季
抽花茎，高约3厘米，头状花序，白色
细长，稀疏排成总状，瘦果近披针形，
冠军毛淡黄色。

【生长环境】分布于武夷山星村、
洋庄等各地山坡灌木林缘坡地中。

【采集加工】全草全年可采，以夏
秋为佳，鲜用或晒干备用。

【性味功能】辛、微苦、平，清热
解毒，活血散结，止咳止血。

【用法用量】牛、马90~150克，
猪、羊30~60克。

【主治应用】主治咳嗽咳血，小畜惊风，无名肿毒，毒蛇咬伤，跌打
损伤。

【方例1】猪肺热咳嗽：本品、一枝黄花各30克，忍冬藤90克，煎水喂服。

【方例2】猪胃肠炎：本品、白毛夏枯草、一枝黄花各30~60克，煎水喂服。

【方例3】牛肩痈：鲜全草一把捣烂贴患处。

### 铁灯兔耳风（兔耳风属）*Ainsliaea macroclinidioides* Hayata.

别　名：铁灯盏（武夷山民间）

【药用部位】全草。

【形态特征】多年生草本，茎直立或平卧，密被棕色长毛或后脱落。叶在茎中部聚生呈莲座状或有时散生，叶片宽卵形、长卵状椭圆形，长3～7厘米，宽1.5～4厘米，顶端急尖或渐尖，基部圆形或浅心形，边缘具短尖头的小齿，上面近无毛，下面沿脉被长柔毛；叶柄长2～7厘米，被长柔毛或近无毛。头状花序复作总状或穗状花序式排列，头状花序有3小花，无梗或具短梗；总苞细圆筒状，长约1厘米；总苞片多层，外层小，卵形，内层长圆状披针形或线形；瘦果圆柱形，具条棱，稍被毛；冠毛羽毛状，污白色，长7～10毫米。花果期7—8月。

【生长环境】生长武夷山上梅、星村、吴屯等各地山坡、林下、路旁中。

【采集加工】全草全年可采，鲜用或晒干备用。

【性味功能】辛、微苦、平，清热解毒，活血祛瘀。

【主治应用】各种无名肿毒，跌打损伤等。

【用法用量】鲜品，牛、马60～120克，猪、羊30～45克。

### 玉簪（玉簪属）*Hosta plantaginea*（Lam.）Aschers.

别　名：白萼、白鹤仙

药材名：玉簪

【药用部位】根。

【形态特征】多年生草本，根状茎粗状，须根多数。叶基生，卵形至心状卵形，长7～30厘米，宽3～16厘米，先端急尖，基部心形或楔形，全缘，侧脉明显，作弧形延伸至叶尖，具长柄；总状花序从叶丛中抽出，苞片叶状膜；花梗长1.2～2.0厘米，先端6裂，裂片长圆形，雄蕊6，蒴果圆柱形，6—9月开花结果。

【生长环境】生于高山沟铅、溪边石缝中，武夷山武夷黄柏等地多有分布，勿有零星栽培。

【采集加工】全草全年可采，根、茎鲜用或晒干，叶通常鲜用。

【性味功能】甘、辛、寒；根有小毒，清热解毒，软坚清肿。

【用法用量】鲜根：牛、马60～90克，猪、羊15～30克。水煎喂服。

【主治应用】乳腺炎，下肢溃疡，毒蛇咬伤，诸骨鲠喉，外伤出血，痈、疽、疔、疖等。

## 马蔺（鸢尾属）*Irisensata* Thunb.

别　　名：马莲、马兰、蝴蝶花（武夷山民间）

药材名：马蔺

【药用部位】根。

【形态特征】多年生草本。高25～30厘米，叶基部生线形，长20～40厘米，有残存的纤维状叶鞘，两面有凸起的平行脉数条，花葶从叶丛间生出，有花1～3朵，每花有条状披针形苞片；花被蓝紫色；2轮，外轮3片匙形，向外弯曲而下垂，内轮倒披针形直立，蒴果纺锤形具3棱种子多数，红褐色，4—6月开花，8—9月结果。

【生长环境】生于各地向阳坡地、路旁，武夷山上梅鹅岑等地有分布。

【采集加工】籽、果实成熟时割下果穗，晒干打下果穗再晒干。花于夏初盛开时采摘，阴干。根于秋季采挖、洗净泥砂，切段晒干。炮制：将净种子捣碎或武火炒至鼓起为度。

【性味功能】甘、平，清热利湿，解毒、止血。

【用法用量】牛、马25～60克，猪、羊5～15克研末开水冲服，候温灌服或煎汤灌服。对有生育能力的动物慎用。

【主治应用】治肠黄作泻、咽喉肿痛、衄血、便血、子宫出血等。

【方例1】肠黄作泻：马蔺、黄连、白头翁配伍。

【方例2】咽喉肿痛：马蔺、升麻、牛蒡子、大青叶配伍。

## 石豆兰（石豆兰属）*Buolbophyllum radiatum* **Lindl**

别　　名：石枣、岩豆、岩珠

药材名：石豆兰

【药用部位】全草。

【形态特征】多年生常绿小草本。根茎铺匍地面，随处发生线状须根。假鳞茎圆锥形或近圆柱形，长1.0～1.5厘米，表面常有沟形皱纹。在每个假鳞茎顶生叶一片，叶片狭披针形到线形，长2～3厘米，顶部圆纯，全缘，其部狭窄成柄状，有时生长多年的叶已脱落仅余假鳞茎。夏天开花，花淡黄色，成伞形花序侧生。

【生长环境】常成群匍匐生于较阴湿的悬崖岩石上，武夷山各山区广有分布。

【采集加工】全草全年可采，鲜用或晒干备用。

【性味功能】甘、辛、寒。祛风止痛，凉血活血，清热降火。

【用法用量】鲜品，牛、马90～180克，猪、羊30～60克。

【主治应用】主治跌打损伤，风湿关节痛，高热惊风。

【方例1】猪、牛火症、风热咽痛：石豆兰125～250克，煎水冲白糖120克为引喂服。

【方例2】家畜中暑发热：石豆兰60克、石吊兰120克、鲜芦根180克、加滑石60克、甘草15克，煎水大家畜1次喂。

【方例3】母畜乳房炎：本品、忍冬藤、蒲公英、石吊兰各60～120克，煎水喂服，渣捣烂敷患处。

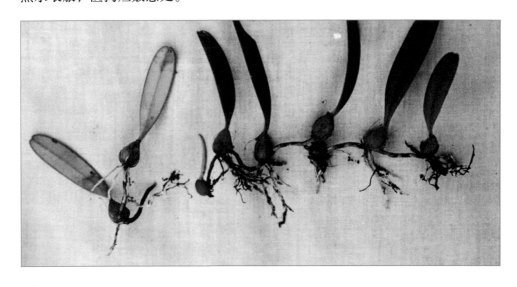

## 细叶石仙桃（石仙桃属）*Pholidota cantonensis* Rolfe

别　　名：双叶岩珠，双叶石枣

药材名：细叶石仙桃

【药用部位】全草。

【形态特征】多年生附生草本，根状茎匍匐，被鳞片，假鳞茎肉质，每2～3厘米1个，近卵形，长1～2厘米，顶端生2片叶，叶条状披针形，顶端钝而短尖，基部收缩成短柄，总状花序从假鳞茎顶部伸出，具10余朵花，排成2列；苞片卵状长圆形；花小，白色或淡黄色；萼片椭圆状长圆形，分离，近等大，顶端近钝尖，舟状，侧萼片背具狭脊；花瓣卵状长圆形，和萼片等长，略较宽，近急尖，唇盘上无褶片；合蕊柱短，顶具3浅裂的翅。6—12月开花。

【生长环境】武夷山星村、城关等各地溪谷林下阴湿的岩石上常有生长。

【采集加工】全草全年可采，多鲜用。

【性味功能】微甘、凉，清热凉血，滋阴润肺。

【用法用量】牛、马60～120克，猪、羊30～60克。

【主治应用】咳嗽、高热、支气管炎、乳腺炎、睾丸炎、肺炎等。

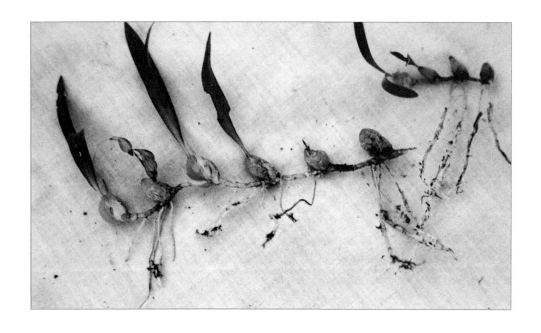

## 斑叶兰（斑叶兰属）*Goodyera schlechtendaliana* **Rchb. f.**

别　名：银线兰

【药用部位】全草。

【形态特征】多年生草本，高10～25厘米，茎基部匍匐。叶4～8枚，多生于茎的基部，互生，卵形或卵状披针形，长2～6厘米，先端急尖，基部收缩成柄，柄的基部鞘状抱茎，叶面绿色，具白色斑纹，叶背浅绿色。总状花序具5～10朵，花序轴的一侧，白色或带微红色；萼片卵状披针形，上半部联膈成盔状，长度与萼片相近，唇瓣与萼片等长，基部具球形的囊，前面具长圆状披针形的长喙；花柱短，药直立，花粉块2，附着在花柱顶端的蕊上。8—10月开花。

【生长环境】零星生长于武夷山洋庄、茶劳山等处林下阴湿多腐植质的地方。

【采集加工】全草夏、秋采收，鲜用或晒干备用。

【性味功能】苦、寒，清热解毒，消肿止痛。

【用法用量】牛、马60～90克，猪、羊15～30克。

【主治应用】高热，支气管炎，喉痛，关节痛，疔、疮、痈，毒草蛇咬伤等。

花叶开唇兰（花叶开唇兰属）*Anoectochilus roxburghii*（Wall.）Lindl.

别　名：金线兰、鸟人参

【药用部位】全草。

【形态特征】多年生矮小草本。高10～18厘米，根状茎横卧，淡红褐色，稍肉质；被柔毛。叶常4～6枚，互生，卵圆形，长1.5～4厘米，宽1～3厘米，先端急或短尖，基部圆形，叶面光泽，黑紫色，有金黄网脉，叶背暗红色，主脉3～7条，弧形；叶柄长约1厘米，基部鞘状抱茎。总状花序顶生，有2～5朵花，花序轴被柔毛，苞片卵状披针形，萼片淡紫色，外面被短柔毛，中萼片卵形，向内凹陷；侧萼片长圆状椭圆形，稍偏斜；花瓣近镰刀形，短于萼片并和中萼呈兜状；唇瓣2裂，裂片舌状条形，具爪，两侧各具5～6条长4～6毫米的流苏，距圆锥状，指向唇瓣，胝体生于距的中部，9—10月开花。

【生长环境】生于武夷山各地阔叶林下而常被树叶遮盖的阴湿地。

【采集加工】全草秋季采收，鲜用或晒干备用。

【性味功能】甘、平，清热凉血，祛风利湿。

【主治应用】支气管炎，肾炎，膀胱炎，血尿，泌尿道结石，风湿关节痛等。

【用法用量】牛、马60～90克，猪、羊15～30克。

## 龟背竹（龟背竹属）*Monstera delicosa* Liebm.

别　名：蓬莱蕉、铁丝兰

【药用部位】全草。

【形态特征】攀援灌木，茎绿色，粗壮，有苍白色的大型半月形叶迹，少分枝，以气根附着树秆、石壁、土墙等，气根粗壮，可垂直下垂，长达2米，直径5～10毫米。叶片大，轮廓心状卵形，草质而厚，幼时株叶较小，长10～15厘米，宽5～12厘米，当植株生长至1米以上时，叶逐步增大，长可达40～80厘米，宽30～58厘米，顶端圆钝至短尖，基部心状弯缺，边缘深裂成条状，在中脉两侧侧脉间常有1～2个空洞，空洞近圆形至椭圆形，中脉下面凸起，上面平凸；叶柄粗壮，长60～80厘米，基部宽，对折抱茎。花序柄粗壮，长20～60厘米；佛焰苞厚，草质，白色至乳黄色，舟状，直立，长20～25厘米，顶端锐尖；肉穗花序圆柱状，长15～20厘米，直径3～4厘米，淡黄至白色；雄蕊花丝线形；雌蕊陀螺状。浆果淡黄色，柱头周围有青紫色斑点，长约1厘米。

【生长环境】武夷山各地庭院均有栽培。

【采集加工】全草全年可采，均鲜用。

【性味功能】寒、凉、平，清热解毒。

【用法用量】鲜品牛、马45～90克，猪、羊15～30克。

【主治应用】各种疔、疮、肿毒。

## 蛇瓜（栝楼属）*Trichosanthes anguina* L.

别　名：蛇豆、蛇丝瓜

药材名：蛇瓜

【药用部位】果实、根、种子。

【形态特征】一年生攀援藤本，无块根，茎纤细多分枝，具纵棱和槽，被短柔毛及疏被柔毛状长硬毛。叶膜质，圆形或肾状圆形，3～7浅裂至中裂，裂片常为倒卵形，顶端圆钝或阔三角形，基部弯缺深心形，边缘有收细齿，两面被短柔毛；卷须2～3分叉。花雌雄同株，雄花序总状，常有一单生雌花并生，花冠白色，裂片卵状长圆形；雌花单生，子房棒状。果长圆柱形，长1～2米，常扭曲，幼时绿色，具苍白色条纹，熟时橙黄色，种子10多个，长圆形，藏于鲜红色果瓤内，灰褐色，花期5—8月，果期6—10月，果供蔬菜食用。

【生长环境】武夷山各乡镇农户均有种植。

【采集加工】根、叶随时可采。果、种子成熟时采收，均鲜用，种子晒干时备用。

【性味功能】果：酸、止渴。根和种子：涩、微苦。

【用法用量】鲜品，牛、马60～120克，猪、羊15～30克。

【主治应用】果：止渴、可治家畜黄疸。根和种子止泻、杀虫。

## 细叶黄杨（黄杨属）*Buxus harlandii* Hance.

别　名：千年矮、雀舌黄杨、黄杨木（武夷山民间）

药材名：细叶黄杨

【药用部位】鲜叶。

【形态特征】常绿灌木，高0.5～2米，分枝甚多，密集成丛，小枝纤细，具有四棱光滑无毛。叶对生，革质，倒披针形或倒卵状椭圆形，宽0.5～1厘米，先端纯或微凹，全缘。花单性，雌雄同株，穗状花序顶生或腋生，每花序顶部仅有雌花，生于雌花两侧，无花瓣，蒴果球形，4—6月开花，7—11月结果。

【生长环境】武夷山各庭多有栽培，亦有少量野生。

【采集加工】全年可采，鲜用或晒干备用。

【性味功能】苦、甘、凉，清热解毒。

【用法用量】牛、马30～60克，猪、羊10～20克。

【主治应用】跌打损伤、关节疼痛、胃痛肋痛、疔痛衄血、胆道蛔虫。

【方例1】风湿关节痛：根60克，猪脚适量水炖加酒少许服。

【方例2】衄血：细叶黄杨木根30克，生地9克，水煎服。

## 三角叶冷水花（冷水花属）Pileaswinglei Merr

别　　名：油面草

药材名：三角叶冷水花

【药用部位】茎叶。

【形态特征】稍肉质草本。高20～30厘米，无毛，基部匍匐。叶三角形或三角状卵形，长1～3厘米，宽1～2厘米，顶端短渐尖，基部截形，阔楔形或近圆而呈微心形，边缘疏生粗锯齿，有时波状或近全缘，上密生线状钟乳体，基生脉三条；叶柄稍盾生；托叶三角形，离生。花雌雄异株，聚成腋生的团伞花序，雄花序单生，雌花序双生，雄花花被4裂，裂片有褐斑，顶端2齿裂，雄蕊4枚，雌花花被3片，不等大。瘦果卵形，长约0.8毫米，平滑。花果期4—6月。

【生长环境】生于武夷山各地的阴湿处。

【采集加工】全草全年可采，鲜用或晒干备用。

【性味功能】性平，微苦。清热解毒，消肿止痛。

【用法用量】牛、马90～120克，猪、羊30～60克，水煎喂服或捣烂敷患处。

【主治应用】各种无名肿毒，毒蛇咬伤等。武夷山、松溪、政和民间及浙江民间等均用作治疗蛇伤之主药。

## 草珊瑚（草珊瑚属）*Sarcandra glabra*（Thumb.）Nakei

别　名：肿节风、接骨金粟兰、九节茶（武夷山民间）

【药用部位】全草

【形态特征】常绿亚灌木，
高50～150厘米，根茎粗状。茎
多分枝，节膨大，有棱和沟。叶
对生，卵状披针形或椭圆形，边
缘有锯齿，齿端有腺体，叶柄短
托叶鞘状。穗状花序顶生，常有
分枝，花小无花被，黄绿色，核
果球形，熟时红色，夏季开花，
秋冬成熟。

【生长环境】生于武夷山洋
庄、葛仙等地山谷溪边林下。

【采集加工】植株从离地面
5～10厘米处割下，全年可采，鲜用或晒干备用。

【性味功能】性平，味苦；清热凉血，活血消瘀，祛风通络。

【用法用量】牛、马60～125克，猪、羊15～30克，水煎灌服。

【主治应用】跌打损伤、风湿骨痛，腰腿疼痛，感冒高热，肺热喘咳，肠
痛、疡肿毒。叶：可治劳伤咳嗽，水火烫伤，防中暑等。

【方例1】扭挫伤：鲜草珊瑚叶适量。捣烂取汁，加酒少许，外擦伤处。

【方例2】家畜风湿肿痛：接骨金粟兰120～250克，用白酒500毫升浸
5日，用水调服，每日两次，每次服1酒盅。（《曾一医常用中草药》）

【方例3】急性猪丹毒：肿节风配大青叶，用乙醇沉淀法制成注射液。
（《景德镇市中草药博览会资料选编》，1984）

【方例4】慢性猪丹毒：九节茶100克，金银花80克，蒲公英80克，紫花
地丁60克，赤芍40克，生地80克，大青60克，黄柏38克，牛膝40克，石膏100
克，水煎去渣，候温灌服，或拌入饲料。（邱思锋，2013）

【方例5】脑膜炎：清心护脑散，草珊瑚30克，黄连15克，玄参15克，板蓝根
20克，菊花20克，银花20克，天麻10克，白芷5克，天竹黄10克，贝母10克，牛蒡
子15克，麦冬10克，栀子10克，石膏20克，甘草8克，水煎服。（胡元亮，2008）

## 朱红栓菌 *Trametes cinnabarina*（Jaca）Fr

别　名：朱砂菌

【药用部位】子实体

【形态特征】子实体单生至群生，无柄；菌盖偏半球形至扁平，木栓质，半圆形或扇形，基部狭小，朱红色，后期褪色，无环带，有微细绒至无毛，有时稍皱，菌肉橙色，有环纹，管口朱红色。

【生长环境】生于栎树等阔叶林的朽木上，各地常见。

【采集加工】采摘后烘干备用。

【性味功能】性温、平，味微辛、涩。清热除湿，消炎解毒，止血。

【用法用量】外用适量；内服，猪、羊15～30克，水煎服。

【主治应用】止血、焙干、研末、过筛、敷于伤口。

温里药·

## 八角茴香（八角属）*Illicium Itlum* Hook. f

别　名：八角、大茴香、八角茴（武夷山民间）

药材名：八角茴香

【药用部位】果实。

【形态特征】常绿乔木，高达20米，叶互生，革质，披针形至长椭圆形，全缘，叶面有光泽和透明油点，叶背疏生柔毛；花单生于叶腋，被片7～12，数苞，覆瓦状排列，内轮粉红色至茶红色。骨突呈星芒状排列，八角形，种子扁卵形，棕色。第一次花期2—3月，第二次在第一次结果期后，果期8—9月，第二次翌年2—3月。

【生长环境】多生于温暖湿润的山谷，武夷山吴屯、洋庄等地均有生长。

【采集加工】采收2次，第一次主采期8—9月，第二次翌年2—3月，摘后微火烘干或用开水浸泡片刻，待果转红后晒干备用。

【性味功能】辛、微甘、温；温中散寒，健脾开胃，止呕辟秽，理气止痛。

【用法用量】牛、马30～90克，猪、羊5～15克。

【主治应用】寒滞腹痛，伤水起卧，脾胃虚弱，胃纳不佳，消化不良，肚腹胀满，疼痛，风湿痹痛，肾虚腰痛。

## 吴茱萸（吴茱萸属）*Euodia rutaecarpa*（Juss.）Benth

别　名：吴萸、茶辣、辣子、臭辣子、吴椒

药材名：吴茱萸

【药用部位】果实。

【形态特征】落叶灌木或小乔木，高2.5～8米，幼枝、叶轴及花序轴均被褐色毛。奇数羽状复叶对生，小叶5～9片，对生，椭圆形或卵形，全缘或具不明显的锯齿，叶背毛，具腺点。聚伞状圆锥花序顶生，花小，单性，雌雄异株，萼片5，三角形，花瓣5，卵状长圆形，白色，骨突果熟时紫红色，有粗大腺点。种子卵圆形，黑色，6—8月开花，9—11月结果。

【生长环境】栽培或生于旷野疏林中，武夷山各地有分布。

【采集加工】果实、秋季黄绿时采收，去枝叶杂质阴干。泡制：果实50千克，用生姜、甘草各3千克煎汤，冲泡、闷至果实开裂，捞出晒干或加盐水炒用。

【性味功能】辛、苦、热，散寒止痛，降逆止呕，助阳止泻。

【用法用量】牛、马15～45克，猪、羊5～15克。

【主治应用】用于腹痛泄泻，胃寒不食，胃冷吐涎，冷肠泄泻，食积腹泻，风湿痹痛，猪蛔虫，溃疡性口腔炎。

【方例】牛便血：地榆30～60克，吴茱萸、白芍、当归、黄连、银花、广木香各30克，甘草15克，共研末，开水冲服。里急后重者加槟榔30克，日一剂，连服2～3剂可愈。

**肉桂（樟属）*Cinnamomum cassia* Presl**

别　　名：桂（通称）、桂枝、玉桂（武夷山民间）

药材名：肉桂

【药用部位】树皮。

【形态特征】乔木，树干外皮灰褐色，内皮棕色，芳香。幼枝略具棱，幼枝、芽、花序、叶柄均被褐色绒毛。叶互生，长圆或披针形，全缘，叶面绿色有光泽，背面灰绿色，疏生柔毛。圆锥花序腋生或近顶生，花被6，黄绿色。浆果椭圆形，暗紫色，5—9月开花结果。

【生长环境】武夷山各地均有栽培或山林中有少量野生。

【采集加工】树皮（肉桂），按树龄和加工方法不同分：（1）官桂：剥取5～6年的树皮或粗树皮，晒1～2天后卷成筒状，阴干。（2）正边桂：剥取10年以上的树皮，两端削齐，夹在木制的凹凸板内，晒干。（3）板桂：选老年树，7—8月间在离地面30厘米处作环状割口，将皮剥离，夹在桂夹内，晒成九成干，取出纵横堆叠，加压约1个月后，方可完全干燥。（4）桂心：在肉桂加工中检下的边条，除去栓皮。桂枝：3—7月间剪枝趁鲜切片、阴干或晒干。（5）桂丁：10—11月摘下未成熟的果实，晒干，去枝条，留下带宿萼的果实。

【性味功能】桂皮：辛、甘、大热，补火助阳，引火归元，散寒止痛，温通经脉。

【用法用量】牛、马18～45克，猪、羊5～15克。

【主治应用】肉桂治腹痛腹泻，关节痛；桂枝：治感冒，风湿关节痛；桂丁：治哮喘、冻疮。

【方例1】肾气丸《金匮要略》：治肾阴不足所致的精神卷怠，耳聋头低，唇垂肢冷，口淡脉迟。附子、肉桂（桂枝）、干地黄、山药、山茱萸、泽泻、茯苓、丹皮。

【方例2】桂心散《元亨疗马集》：治脾胃虚寒，不食草谷，鼻寒干冷，肠鸣泄泻，口垂清涎：选用桂心、白术、茯苓、炙甘草、厚朴、陈皮、当归。

行气药·

## 台湾赤瓟（赤瓟属）*Thladiantha punctata* Hayata

别　名：赤苞子（武夷山民间）

药材名：赤瓟

【药用部位】果实、根。

【形态特征】多年生攀援草质藤本，块根纺锤形，茎有纵棱，密被粗毛，卷须不分枝；叶互生，卵状心形，基部心形，边缘具不整齐齿牙，两面背有粗毛，夏季开黄色花，单生于叶腋，单性异株，花梗多毛，萼短钟形，裂片反卷；花冠钟形，5深裂，裂片外展，雄花具5雄蕊，雌花子房长圆形，疏生长毛。果实卵状长圆形，红色，有心条纵沟纹。种子多数，黑色。

【生长环境】分布于武夷山洋庄、坑口等地山坡屋旁。

【采集加工】秋季果熟时采摘，晒干；根秋季采挖，洗净切片晒干备用。

【性味功能】果：酸、苦、平，理气活血，祛瘀利湿；块根：苦、寒，通乳。

【主治应用】果：治跌打损伤，黄疸，肠炎痢疾；块根：治乳汁不通，乳房胀痛。

【用法用量】内服：煎汤或研末服，3～9克。

【方例1】反胃吐酸、吐食：赤包1～3钱（干品），研末冲服（《东北常用中草药手册》）。

【方例2】肺结核咳嗽、吐血，黄疸，痢疾便血：赤包（干品）1～3钱，研末冲服（《东北常用中草药手册》）。

【方例3】产后乳汁不下，乳房胀痛，本品块根60克，研细末，每服3克，日服2次。

### 隔山香（当归属）*Angelica citriodora* Hance.

别　　名：蛇见愁、金鸡瓜、正香前胡、九步香

药材名：隔山香

【药用部位】根。

【形态特征】多年生草本。高40～150厘米。主根圆柱形或近纺锤形，常数条丛生似鸡瓜，黄色，有香气，顶端残存叶鞘。茎直立，圆柱形，中空有纵沟纹。叶互生为厅数三、二回羽状复叶，小叶3～5片，椭圆形或披针形，叶柄长。复伞形花序顶生或侧生，花小白色，双悬果椭圆形至广卵形，扁平，有柠檬香气，5—10月开花结果。

【生长环境】分布于武夷山五夫寺院前等地山坡灌木丛或草丛中或林缘路边等地。

【采集加工】根：全年可采，以秋冬为佳，鲜用或晒干备用。

【性味功能】辛、温，行气活血，解毒利湿。

【用法用量】牛、马60～120克，猪、羊30～45克。

【主治应用】慢性支气管炎、乳腺炎、毒蛇咬伤、疔疮肿毒等。

## 黄杞（黄杞属）*Engellhardtia roxburghiana* Wall

别　名：山黄杨

【药用部位】树皮、叶

【形态特征】乔木，双数羽状复叶互生，小叶8～10片，长圆状披针形略呈镰刀形，长5～14厘米，宽2～5厘米，先端渐尖，基部楔形且稍不对称，全缘，具小叶柄。嫩枝与叶轴具橙黄色盾状腺体。雌雄同株，少有异株，雌花序一条，雄花的苞片均3裂，花被裂片状；雄蕊12枚；子房球形，柱头4裂。果序长20～25厘米，果实球形，密生腺体，有3裂叶状膜质果翅，夏秋开花结果。

【生长环境】武夷山洋庄等地山坡疏林中多有生长。

【采集加工】树皮全年可采，鲜用或晒干备用。

【性味功能】树皮：性平，味微苦、辛；叶：性凉，味微苦。行气、化湿、导滞、清热止痛、利水通淋、驱虫。

【用法用量】牛、马60～120克，猪、羊15～3克，水煎灌服。

【主治应用】腹胀、泄泻。

## 管花马兜铃（马兜铃属）*Aristolkchia tubiflora* Dunn

别　名：一点血

【药用部位】根、果实

【形态特征】多年生草质藤本。
根条状，横走，外壳土褐色，有辛
味；叶互生，卵状心形或三角状心
形；叶尖端钝，基部心形，两侧呈
耳垂状，全缘，叶背灰绿色有毛。花
1～3朵，生于叶腋，花被管黄绿色，
喇叭状，基部膨大呈球形，檐部向一
侧压扁成舌状体。蒴果圆柱形，具6
棱，4—8月开花结果。

【生长环境】广布武夷山各地林
缘，山谷阴湿林地。

【采集加工】根：夏秋采收，鲜
用或晒干备用。

【性味功能】性凉，味辛、苦，
有小毒；行气止痛、解毒消肿。

【用法用量】牛、马30～45克，猪、羊15～30克，水煎喂服。

【主治应用】中暑腹痛，风湿关节痛，咽喉肿痛，毒蛇咬伤，跌打损伤。

· 祛湿药

### 多穗金粟兰（金粟兰属）*Chloraatnus multistachys* Pei

别　　名：四对叶、四大金刚

药材名：多穗金粟兰

【药用部位】根及全草。

【形态特征】多年生小灌木，高30～40厘米，主根横走，粗短，密生须状侧根。茎直立，有明显的节，光滑无毛，叶对生，常四片生于茎顶，叶片椭圆形或卵状椭圆形，顶端渐尖，根部楔形，边缘有锐而密的锯齿，春末夏秋开花，穗状花序，数条丛生茎顶，花淡绿色，夏末秋初果熟。生于武夷山林下、山谷、阴湿处。

【采集加工】夏、秋采挖根茎入药，鲜用或晒干备用。

【性味功能】苦、辛、微温，有小毒。活血散瘀，祛风散寒。

【用法用量】根：牛、马125～180克，猪、羊30～60克，水煎灌服。

【主治应用】跌打损伤，气胀。

【方例1】牛、马慢性气肿，本品根125～180克研末酒60毫升，水半碗冲后灌服。

【方例2】家畜跌打损伤：本品根125～180克研末烧酒60毫升、童便一碗冲后灌服。

【方例3】牛、马生白翳：本品鲜根浸渍于盐卤内1夜，取出捣汁搽翳上，每日2～3次。

### 马蹄香（细辛属）*Saruma henryi* Oliv

别　　名：冷水丹

药材名：马蹄香

【药用部位】根及根茎或叶。

【形态特征】多年生直立草本，茎高50～100厘米，被灰棕色短柔毛，根状茎粗壮，直径约5毫米；有多数细长须根。叶心形，长6～15厘米，顶端短渐尖，基部心形，两面和边缘均被柔毛；叶柄长3～12厘米，被毛。花单生，花梗长2～5.5厘米，被毛；萼片心形，长约10毫米，宽约7毫米；花瓣黄绿色，肾心形，长约10毫米，宽约8毫米，基部耳状心形，有爪；雄蕊与花柱近等高，花丝长约2毫米，花药长圆形，药隔不伸出；心皮大部离生，花柱不明显，柱头细小，胚珠多数，着生于心皮腹缝线上。蒴果蓇葖状，长约9毫米，成熟时沿腹缝线开裂。种子三角状倒锥形，长约3毫米，背面有细密横纹。花期4—7月。

【生长环境】生于武夷山各地山坡阴湿下，沟边草丛中。

【采集加工】全草供药用。

【性味功能】甘、微苦、辛，内服消风散气解暑，利尿通淋去积；外治痛肿疔疖等。

【用法用量】内服：煎汤，3～6克；或浸酒。

【主治应用】沙石淋，小便不利，尿血，风湿水肿，伤风头痛，风嗽，胃痛，久积疾痛。《新华本草纲要》：根：用于小儿肺炎、消化不良、风湿痛、跌打损伤。

【方例1】血尿：（1）马蹄香120克，水煎服，每日1剂。（2）马蹄香、生茅根各30克，水煎服，每日1剂。

【方例2】风湿水肿：马蹄香、白面风、山葡萄各15克，水煎服，每日1剂。

## 乌头（乌头属）*Aconitum carmichaeli* Debx

别　　名：草乌

药材名：草乌

【药用部位】干燥块根。

【形态特征】多年生草本，高60～150厘米；块根通常2个，倒圆形，长2～6厘米；茎中部以上疏被反曲的短柔毛。茎下部的叶在开花时枯萎；茎中部的叶互生，纸质，轮廓呈五角形，长6～11厘米，宽9～15厘米，叶片三深裂，中央裂片宽棱形，顶端急尖，有时短渐尖，裂片边缘近羽状分裂，侧裂片又呈不等的二深裂，上面被短伏毛，下面仅沿叶脉疏被短柔毛；叶柄长1～2.5厘米，疏被短柔毛。花顶生，排成总状花序，长6～10厘米，轴及花梗密被反曲而紧贴的短柔毛；花梗长1.53厘米，中部或近基部有一对小苞片；萼片蓝紫色，外被短柔毛，上萼片向盔形，高2～2.6厘米，侧萼片长1.5～2厘米，花瓣无毛，距通常拳卷；雄蕊无毛或疏被短毛，花丝有2个小齿或全缘；心皮3～5枚。骨突长1.5～1.8厘米；种子三棱形，只在二面密生横膜翅。8—10月开花结果。

【生长环境】武夷山吴屯等一些高海拔山区的山地草坡或灌丛中有分布。

【采集加工】全草入药，块根秋后采挖，洗净切片，蒸、煮后凉干或烘干备用。

【性味功能】辛、甘，有大毒，祛风、散寒、止痛。

【用法用量】牛、马15～30克，猪、羊9～12克，生草乌主要作为外用。

【主治应用】用于风湿痹痛，四肢拘挛或麻木，跌打损伤，无名肿毒。

【方例1】用于治寒湿瘀血留滞经络，肢体筋脉挛痛，关节屈伸不利：与川乌、地龙、乳香等同用（《和剂局方》）。

【方例2】常作为麻醉止痛药，多以生品与生川乌并用，配伍羊踯躅、姜黄等（《医宗金鉴》）。

## 女萎（铁线莲属）*Clemayis apiifolia* DC.

别　　名：菊叶威灵仙

药材名：女萎

【药用部位】藤茎、叶或根。

【形态特征】藤本。茎有纵棱，被白柔毛。叶对生，三出复叶，小叶卵形，先端尖，基部近圆形，边缘有粗锯齿。叶面几无毛，叶背疏生短柔毛。聚伞花序腋生，萼片4，白色，狭倒卵形，无花瓣，瘦果窄卵形，具短毛，夏秋开花结果。

【生长环境】生于武夷山各地山谷溪边山坡灌丛中。

【采集加工】秋季采收全株，鲜用或扎成小捆晒干备用。

【性味功能】辛、温，利尿通乳，祛风消肿，止下痢。

【用法用量】牛、马30～45克，猪、羊9～15克，水煎喂服。

【主治应用】尿闭，肠炎痢疾，风湿关节炎乳汁稀少。

【方例1】《唐本草》：主风寒洒洒，霍乱泄痢，肠鸣游气上下无常，惊痫，寒热百病，出汗。

【方例2】《湖南药物志》：治妊妇浮肿，项下瘿瘤。

【方例3】乳汁稀少：本品15克、通草6克、沙参9克，炖猪脚服。

**威灵仙（铁线莲属）** *Clematis chinensis Osheck*

别　名：百条根、九层衣（武夷山民间）

药材名：威灵仙

【药用部位】干燥根及根茎。

【形态特征】藤本，全株干时变黑色，根丛生条状，多而细长，新鲜时黄黑色，干后呈深黑色。茎有细丛棱，叶对生，羽状复叶，小叶常5片，卵形至长圆状披针形，顶端尖或长尖，基部圆或楔阔形，全缘，基出3脉，叶柄上部或小叶柄扭曲作攀援用。花多数白色，圆锥花序，花被4片，瘦果扁平卵形，疏生短柔毛。宿存花柱白色羽毛状。6—10月开花结果。

【生长环境】生于偏阴的山坡灌木丛中或林缘。武夷山市各地均可见。

【采集加工】根（威灵仙）、叶全年可采，以秋季为佳。鲜用或晒干备用。

【性味功能】辛、咸、温，有毒，祛风除湿，通经活络，化结软坚。

【用法用量】牛、马30～90克，猪、羊12～18克，孕畜忌服，气血虚者慎用。

【主治应用】用于风湿痹痛，四肢拘挛，骨节疼痛，屈伸不能自如，跌打损伤疼痛。黄疸，小便不利，胃纳不佳；眼白翳、牛蛀蹄等。

【方例1】乳香宣经丸（《大同方剂学》）治体虚，风湿寒暑进袭，半身不遂，手足顽痹，骨节烦热，肝肾不足，或内跌打扑，内伤筋骨等。威灵仙、乌药、茴香、川楝子、牵牛子、桔皮、防风各60克，五灵脂、草乌、乳香各15克。上为细末，酒糊为丸，每服50丸，盐汤盐酒下，妇人醋汤下。方中威灵仙去风除湿，为君药。

【方例2】羊肉发药（《医宗说约》）治杨梅疮初期，皮肤瘙痒，上部多者。威灵仙、蝉蜕、川芎、当归、麻黄。先用羊肉500克，煎汤代水，去羊肉，入诸药煎，去渣，早、中、晚、分3次服完。

## 山木通（铁线莲属）*Clematis finetiana* Levl. et vant

别　　名：大木通、万年藤、千金拨

药材名：山木通

【药用部位】根、茎、叶。

【形态特征】藤本，茎长达4米，无毛，三出复叶对生，小叶狭卵形或披针形，先端渐尖，脉在两面隆起，聚伞花序腋生或顶生，花1~3朵，苞片小钻形，萼片4，白色，展开，无花瓣，瘦果纺锤形，有黄褐色羽状柔毛。

【生长环境】多生于海拔500~1 200米的山地或路边，武夷山市各地常见。

【采集加工】藤：全年可采，鲜用或晒干备用。

【性味功能】辛、苦、寒。茎：通窍利尿，叶：可治关节肿痛。

【用法用量】牛、马30~90克，猪、羊15~20克。

【主治应用】主治耕牛关节肿痛，活血化瘀。

【方例1】《浙江天目山药植志》：叶：治关节肿痛，捣烂敷贴，作发泡剂；根：治目生星翳，捣烂，布包塞鼻中。

【方例2】《江西草药》：活血止痛，祛风通络。治风湿性关节痛，胃肠炎，疟疾，走马牙疳，角膜溃疡，乳痈，痔核肿痛，肠风下血。

## 野木瓜（野木瓜属）*Stanntonia chinensis DC.*

别　　名：七叶莲（通称）

药材名：野木瓜

【药用部位】干燥带叶茎枝。

【形态特征】常绿木质藤本。茎圆柱形，灰褐色。掌状复叶互生，小叶5～7片，革质，长圆状披针形，倒卵形或倒卵状披针形，先端渐尖至短尾尖，基部楔形或圆形，全缘。总状花序腋生，花3～4朵，单性，雌雄异株，同型，萼片6，每轮3片，淡黄色或乳白色，无花瓣，果实肉质浆果状，长圆形或近球形，有时为倒卵形，熟时黄色，味甜，种子多数，黑褐色，有光泽，3—6月开花，7—10月结果。

【生长环境】零星分布于武夷山洋庄、上梅等各地山谷林缘和杂木林中。

【采集加工】根、茎、叶：全年可采；果：夏秋采；鲜用或晒干备用。

【性味功能】根、茎、叶：甘，温。驱风止痛，活血散瘀；果：酸、甘、平。敛肠益胃。

【用法用量】牛、马90～180克，猪、羊30～60克，水煎喂服。

【主治应用】根、茎：治风湿关节痛，跌打损伤；叶：治烫伤；果：治急性胃肠炎。

【方例1】煎剂：牛藤全草1两，加水煎成30毫升，痛时顿服，必要时日服3次。观察手术后疼痛、麻风反应性疼痛等各种痛症共113例，一般服药后15分钟开始止痛，药效可持续4小时。

【方例2】丸剂：每丸相当生药1两。日服2～3次，每次1～2丸。治疗外伤疼痛、内脏疼痛。手术后疼痛、神经痛、头痛等40余例，均收镇静止痛效果，其中显效者占73%。

## 白木通（木通属）*Akebia trifoliate*（Thunb.）Koidz var. austalis（Diels）Rehd.

别　　名：三叶木通，挪藤（武夷山民间）

药材名：木通

【药用部位】果、根、茎、种子。

【形态特征】落叶或半常绿木质藤本。长可达10米。枝条褐色或灰白色，有条纹皮孔明显。三出复叶，3～7枝簇生短枝端，叶柄细长有条纹，小叶革质，卵形或卵状长方形。先端圆，中央凹入，基部圆形，宽楔形或稍心形，全缘或略呈浅波状，叶面具光泽，叶背粉白色。春夏开紫红色花，单性同株，总状花序，总梗细长，雌花生于花序下部，有1～3朵，雄花生于花序上部20～30朵。果熟时木质化，骨突肉质，浆果状，长圆筒形，紫色，果皮厚，果肉多汁，白色，种子多数，黑褐色，扁椭圆形，有光泽。花期3—4月，果熟期8—10月。

【生长环境】生于武夷山山野灌丛、沟谷、溪边的疏林中或近阴湿地。

【采集加工】根、茎全年可采，果秋后采收。均鲜用或晒干备用。

【性味功能】苦、微寒，通经活络，清热利尿。

【用法用量】牛、马60～90克，猪、羊15～30克，水煎喂服。

【主治应用】关节炎、风湿痛、腰痛，小便不利。

【方例1】母猪缺乳：王不留行24克，益母草30克，荆三棱18克，炒麦芽30克，木通18克，神曲24克，赤芍12克，红花18克，水煎拌料（薛勇，2005）。

【方例2】肉球球虫病：青蒿、常山、川木通各100克，桔梗、白头翁各90克，秦皮50克，苦参75克，黄连35克，柴胡50克，甘草50克，乌梅50克，加水适量，煎服（白涛，2006）。

### 扁枝槲寄生（槲寄生属）*Visoum articulatum* Burm. f.

别　　名：凉水籽（武夷山民间）

药材名：螃蟹脚

【药用部位】全草。

【形态特征】寄生小灌木，小枝扁平，常有2～3叉状分枝，节略扁，节下狭缩，像螃蟹爪，表面有纵纹，干后褐黑色。叶退化为鳞片状，生于花下微下只见于最幼的节上。花细小，常3朵生于节上。果椭圆形，顶端截平，熟时黄色。

【生长环境】多寄生于枫树上，武夷山各地常见。

【采集加工】全株夏、秋剪取枝条晒干备用。

【性味功能】微苦、平；祛风除湿，舒筋活络。

【用法用量】牛、马60～90克，猪、羊15～30克，水煎喂服。

【主治应用】风湿关节痛，腰肌劳伤，瘫痪，跌打损伤，疔疮肿毒，久不收口。

### 厚朴（木兰属）*Magnolia officinalis* Rehd. et Wils

别　　名：紫朴、紫油朴、温朴

药材名：厚朴

【药用部位】干燥干皮、根皮及枝皮。

【形态特征】落叶乔木，高7～15米，树皮厚紫褐色，具辛辣味；幼枝被绢毛；老枝灰棕色，光滑；皮孔大而显著；叶痕大，半圆形或近广椭圆形，冬芽圆锥形，芽鳞被棕色绒毛。叶互生，密集小枝顶端，倒卵形或倒卵状椭圆形，顶端圆形，钝头或具小突尖，基部楔形，全缘，叶面无毛，叶背有白色粉状物，幼时有黄白色短绒毛，叶脉明显凸起。花与叶同时开放，单生枝顶，白色，芳香，被片9～10枚，聚合果圆柱状卵形，熟时木质，4—5月开花，9—10月结果。

【生长环境】武夷山各地多有栽培，生于湿润、肥沃土壤的坡地。

【采集加工】树皮（厚朴）5—6月剥取15年以上的树皮，锯成每段长20～45厘米，放土坑中，上覆盖稻草，3～4天后取出，卷成单筒或双筒，切制成片晒干；花于春日采取晒干备用；姜厚朴：厚朴50千克，生姜汁5千克，加水少许，用文火炒至微褐色，取出放凉备用。

【性味功能】微苦、辛、温，温中散郁，降逆平喘，芳香化湿，破积消瘀。花：辛、温，气香，行气宽胸，芳香化湿。

【用法用量】牛、马15～60克，猪、羊6～15克；内热伤津，脾胃虚弱，大便稀烂者慎用。

【主治应用】用于湿困脾胃，食积气滞所致的胸腹胀满，腔腹疼痛，便秘腹痛，咳嗽气喘。

【方例1】治久患气胀心闷，饮食不得，因食不调，冷热相击，致令心腹胀满：厚朴火上炙令干，又蘸姜汁炙，直待焦黑为度，捣筛如面。以陈米饮调下10克，每日3服。亦治反胃，止泻（《斗门方》）。

【方例2】治虫积：厚朴、槟榔各10克，乌梅2个。水煎服（《保赤全书》）。

## 山鸡椒（木姜子属）*Litsea cubeba*（Lour.）Pers.

别名；荜澄茄、木姜子、山苍子（武夷山民间）

药材名：山鸡椒

【药用部位】根、叶及果实。

【形态特征】落叶灌木或小乔木，高5～8米，树皮幼时绿色光滑，老时灰褐色；根外皮淡黄色。叶互生，有香气，披针形，全缘，叶面绿色，叶背苍白色，干时黑褐色。花单性，雌雄异株，伞形花序，先叶开放，每花序有花4～6朵，淡黄色，花被6裂，果近球形，熟时黑色，芳香；花期2—3月。

【生长环境】广布于武夷山洋庄、吴屯等各地疏林、灌木丛中，亦有人工栽培。

【采集加工】根：全年可采，鲜用或晒干备用；叶：多鲜用；果：7—8月采收，晒干或蒸馏提取油。

【性味功能】辛、微苦、温，温肾健胃，行气散结。

【用法用量】根：牛、马60～250克，猪、羊15～45克；叶：牛、马30～90克，猪、羊9～18克；果：牛、马30～60克，猪、羊9～15克。

【主治应用】根、果：治风寒感冒，风湿痹痛，胃寒气滞作痛，产后瘀痛；叶：治乳腺炎，跌打损伤，外伤出血，毒虫咬伤。

【方例1】治感寒腹痛：山鸡椒4～5钱。水煎服。（《湖南药物志》）

【方例2】治水泻腹痛：山鸡椒研末，开水吞服一钱。（《贵州民间药物》）

## 阴香树（樟属）*Cinnamomum burmannii*（C. G. et Th. Nees）Bl.

别　　名：假肉桂、野桂

药材名：阴香

【药用部位】树皮、树叶。

【形态特征】常绿乔木，树皮灰褐色，有肉桂香味，小枝赤色。叶不规则对生，革质，卵形或长圆形，全缘，叶面绿色有光泽，叶背苍白色。圆锥花序顶生或液生，短于叶，花被6，白而带绿色，两面均被毛。核果小卵形，具宿存白花被片，果托有出裂，4—5月开花，5—6月结果。

【生长环境】零星分布于武夷山洋庄、小浆等各地山野杂木林中。

【采集加工】树皮、叶全年可采，鲜用或阴干备用。

【性味功能】皮：辛、甘、温；散瘀破积，驱风行气；叶：辛、温；散结消肿。

【用法用量】牛、马60～120克，猪、羊15～30克，煎水喂服。

【主治应用】皮：治消化不良，冷痢，风湿关节痛，跌打损伤；叶：治寒结肿毒。

【方例1】煎水，妇人洗头，能祛风；洗身，能消散皮肤风热。（《岭南采药录》）

【方例2】根煎服，止心气痛，皮3～4钱煎水，能健胃祛风。

## 落新妇（落新妇属）*Astilbe chinensis*（Maxim.）Franch. et Sav.

别　　名：红升麻

药材名：落新妇

【药用部位】全草。

【形态特征】多年生草本，高30～80厘米，根茎粗大，横走，具暗褐色须根。茎及花序密被棕褐色长毛并杂以腺毛。基生叶2～3回三出复叶，小叶卵形至长圆状卵形，长1.8～8厘米，先端渐尖，基部圆或宽楔形，边缘有尖锐重锯齿，两面疏生刚毛，叶柄基部半抢茎，茎生叶2～3，较小，叶柄短。圆锥花序长达30厘米，花密集，无梗，花萼5深裂，花5瓣，窄条形，淡红色或紫红色。蒴果6—9月开花结果。

【生长环境】武夷山各地山谷、溪旁或林缘随处可见。

【采集加工】根茎秋冬采挖，去须根，鲜用或晒干备用。

【性味功能】辛、苦、温，祛风行气，活血散瘀。

【用法用量】牛、马20～45克，猪、羊9～18克。

【主治应用】风湿关节炎。跌打损伤。劳伤乏力。

【方例1】治风热感冒：马尾参五钱，煨水服。（《贵州草药》）

【方例2】治肺痨咳血、盗汗：马尾参、土地骨皮、尖经药、白花前胡各5钱。煨水服，每日3次。（《贵州草药》）

## 华南落新妇（落新妇属）*Astilbe austiosinensis* Hand.-Nazz.

别　　名：金毛狮子草（武夷山民间）

药材名：华南落新妇

【药用部位】全草。

【形态特征】高达1米，叶1～2回，三出复叶，部分近似羽状复叶，小叶长卵形，叶背脉上除刚毛外，并散生腺毛。花轴及花梗均密生腺毛，并疏生白色长柔毛；花期5—7月，果期7—9月。

【生长环境】生于武夷山各地山谷溪

边林下。

【采集加工】根茎秋冬采挖，均鲜用或晒干备用。

【性味功能】辛、苦、温，根茎疏风解表，行气活血。

【用法用量】牛、马20～45克，猪、羊10～18克。

【主治应用】跌打损伤，风湿疼痛。

## 贴梗木瓜（木瓜属）*Chaenomeles lagenaria*（Loisel.）Koidz.

别　　名：皱皮木瓜

药材名：木瓜

【药用部位】干燥近成熟果实。

【形态特征】落叶灌木，高3米，叶互生，卵形至椭圆形，边缘有尖锐锯齿，托叶大型，肾形或半圆形，有重锯齿。花先叶开放，3～5朵簇生，二年生枝上；花梗粗短或近无梗；花绯红色，稀淡红色或白色，萼筒钟状，外面无毛。梨果球形或卵形，黄色或带黄绿色。种子多数，花期3—4月，果期9—10月。

【生长环境】武夷山的武夷西坽等地有零星栽培。

【采集加工】秋季果变黄时采收，置沸水中煮5～10分钟，捞出晒至外皮起皱后，纵剖为2或4块，再晒至变色为度。

（注）：炮制：（1）木瓜片：水洗闷润至透，蒸熟、趁热切片，日晒夜露，由红转紫黑色。（2）炒木瓜：将木瓜片置锅内用文火炒至微焦为度。

【性味功能】酸、涩、温，舒筋活血，偏去后躯风湿痹痛，止小便。

【用法用量】牛、马15～45克，猪、羊5～15克，研末或煎汤灌服。

【主治应用】后肢湿痹作痛，腰胯无力，泄泻呕逆。

【方例1】水肿，尿不利：生黄芪、白术各40克，木瓜、桑白皮、五加皮各35克，茯苓皮、生姜皮各30克，大腹皮25克，陈皮、木香各20克，研末，开水冲服。（邹山青等，1997）

【方例2】中暑：木瓜60克，藿香30克，厚朴30克，砂仁10克，姜半夏26克，白术60克，扁豆100克，香薷30克，六一散100克，水煎服。（陈学敏，1012）

## 龙须藤（羊蹄甲属）*Bauhinia championii*（Benth.）Benth.

别　名：梅花入骨丹（通称）、九龙藤

药材名：龙须藤

【药用部位】根、茎藤。

【形态特征】藤本。嫩枝、叶背、花序、萼片均具淡棕色短毛。茎棕色，断面有菊花状纹理。卷须不分枝，1或2条与叶对生。叶宽卵形，先端2裂，裂片长为全叶的1/4~1/3，顶端尖，基部截平或微心形，全缘，基出脉5~7条。总状花序腋生或与叶对生或数条生于枝条上部；花萼钟状，5裂，裂片披针形；花冠蝶形，白色。荚果扁条形，顶端有短弯喙，表面有雏纹。花期8—9月，果期10—11月。

【生长环境】武夷山各地山坡、溪涧旁、疏林中常有生长。

【采集加工】根、茎、藤，全年可采，鲜用或晒干备用。

【性味功能】微苦、涩、温，祛风除湿，通经活络。

【用法用量】鲜品：牛、马120~240克，猪、羊30~60克，煎汤灌服；外用适量，捣烂敷患处。

【主治应用】根、茎、藤：风寒湿痹、腰胯四肢疼痛、跌打损伤，皮肤湿毒、腐蹄病，肚腹疼痛，牛肚胀，痢疾；叶：熏洗退翳。

【方例1】风湿病：龙须藤50克，苍术45克，木瓜30克，防己45克，一根条60克，五加皮30克，续断30克，鸡血藤60克，穿山龙60克，桂枝30克，加水5 000毫升煎至2 500毫升，加酒120毫升为引灌服。（《福建中兽医验方选编》，2001）

【方例2】犬偏瘫：梅花入骨丹200克，黄芪100克，当归15克，川芎20克，桃仁15克，红花15克，地龙30克，水煎3次，分2次服。每日1剂，连用数日。（杨翠华，2002）

## 肥皂荚（肥皂荚属）*Gymnocladus Chinensis* Baill.

别　　名：肥猪（通称）、肥珠子（武夷山民间）、肉皂荚

药材名：肥皂荚

【药用部位】果实。

【形态特征】落叶乔木，茎无刺。二回偶数羽状复叶，互生，叶轴有短柔毛，羽片3～5对，互生；小叶10～12对，长圆形，先端圆形，有微缺，基部圆形略偏斜，全缘，两面被短柔毛。总状花序顶生；花杂性，有长梗，下垂，萼片钻形，比萼筒稍短，密被短柔毛。花瓣5，近圆形，白色或带紫色，被硬毛。荚果长圆形，扁平，肥厚。种子近圆形，稍扁，黑色。夏季开花结果。

【生长环境】武夷山各地山坡杂木林中可见，农家亦有种植。

【采集加工】果实秋季成熟时采，均鲜用或阴干备用。

【性味功能】果实：辛、温，有小毒。具有涤痰除垢，解毒杀虫之功效。

【用法用量】内服：煎汤，1.5～3克；或入丸、散。外用：适量，捣敷、研末撒或调涂。

【主治应用】用于咳嗽痰壅，风湿肿痛，痢疾，肠风，便毒，疥癣。

## 香叶天竺葵（天竺葵属）*Pelargonium Graveolens* L' Herit.

别　　名：香艾、洋葵、洋绣球

药材名：香叶

【药用部位】茎、叶。

【形态特征】多年生直立草本，高达90厘米。茎基部木质，全株密被淡黄色长毛，具浓厚香味。叶对生或互生，叶柄长超过叶片，上部近等长；叶片宽心形至近圆形，近掌状5～7深裂，裂片分裂为小裂片，边缘具不规则的齿裂。伞形花序与叶对生，柄短，直立；花小，几无柄；萼片披针形，被密长毛，基部稍合生；花瓣玫瑰红或粉红，有紫色的脉，上面2片较大，长为萼片的1倍，达1.2厘米；雄蕊10；雌蕊1，子房5室，花柱5。蒴果成熟时裂开，果瓣向上卷曲。花、果期5—9月。

【生长环境】武夷山各地有栽培。

【采集加工】4月中、下旬开始，每隔3星期采收1次，一般上半年采收3~4次，下半年2~3次。采收方法，剪长枝、老枝、匍匐枝。留短枝、嫩枝、直立枝。可连续采收2~3年，有些地区则采收2~4年。

【性味功能】味辛，性温。祛风止痛，燥湿解毒。

【用法用量】牛、马60~90克，猪、羊30~45克。

【主治应用】风湿痛、腹泻、疥癣等。

## 竹叶椒（花椒属）*Zanthoxylum Planispinum* Sieb. et Zucc

别　名：山花椒、土花椒（武夷山民间）

药材名：竹叶椒

【药用部位】果实。

【形态特征】灌木、高1~5米，枝、叶、柄、叶轴和中脉上有紫红色扁平的皮刺，奇数羽状复叶互生，叶轴上有翼，小叶3~7枚，纸质，披针形式椭圆被针形，边缘具有细小纯齿，齿间有透明腺点，圆锥花序腋生，花小淡黄绿色，单性，花被片6~8。果熟时红色，表面有粗大而突起的腺点。种子球形黑色。3—5月开花，6—8月结果。

【生长环境】武夷山各地山坡偏阴的灌木丛中多有生长。

【采集加工】8—9月果实成熟时采收，将果皮晒干，除去种子备用。

【性味功能】辛、微苦、温、有小毒；温中散寒，祛风活血，杀虫解毒。

【用法用量】牛、马9~15克，猪、羊3~5克，实热及阴虚火盛者忌用。

【主治应用】脘腹冷痛，寒湿吐泻，蛔厥腹痛，湿疹，疥癣痒疮。

【方例1】牛胃寒吐涎：本品根125克，煎水取汁温服。

【方例2】牛肚胀：本品鲜叶150克，生烟梗60克，煎水取汁喂服。

【方例3】猪蛔虫结肠：本品果实15克，麻油60克，先将油加热，加药熬裂至酥，去药渣，大猪1次服，中猪2次服，小猪分3次喂服。

【方例4】鸡白痢：果实1份（捣碎）浸于3份茶油内，每日3次，每次数滴。

## 雷公藤（雷公藤属）*Tripterygium Wilfordii* Hook. f.

别　　名：菜虫药（武夷山民间）

药材名：雷公藤

【药用部位】根的木质部。

【形态特征】攀援藤本，高2~3米。小枝红褐色，有棱角，具长圆形的小瘤状突起和锈褐色绒毛。单叶互生，亚革质，卵形、椭圆形或广卵圆形，长5~10厘米，宽3~5厘米，先端渐尖，基部圆或阔楔形，边缘有细锯齿，上面光滑，下面淡绿色，主脉和侧脉在叶的两面均稍隆起，脉上疏生锈褐色短柔毛；叶柄长约5毫米，表面密被锈褐色短绒毛。花小，白色，为顶生或腋生的大形圆锥花序，萼为5浅裂；花瓣5，椭圆形；雄蕊5，花丝近基部较宽，着生在杯状花盘边缘；子房上位，三棱状，花柱短，柱头头状。翅果，膜质，先端圆或稍成截形，基部圆形，长约1.5厘米，宽约1厘米，黄褐色，3棱，中央通常有种子1粒。种子细长，线形。花期5—6月。果熟期8—9月。

【生长环境】生于向阳山坡灌木丛中，武夷山市洋庄、上梅、岚谷等乡镇山区均有生长。

【采集加工】根的木质部份（根心），全年可采，须彻底去净根皮方可入药或剥净根皮，将木质部份浸漂水中，反复更换清水至无尿液汁后晒干备用。

【性味功能】辛、微苦、温；有大毒，祛风活络，破瘀镇痛。

【用法用量】类风湿性关节炎，风湿性关节炎，骨髓炎，恶疮肿毒。

【主治应用】牛、马15~30克，猪、羊10~15克，孕畜及心、肝、肾病患畜慎用。


## 南蛇藤（南蛇藤属）Celastrus Orbiculatus Thunb.

别　　名：钻山龙、穿山龙

药材名：南蛇藤

【药用部位】根、藤、果、叶。

【形态特征】落叶攀援藤状灌木，高达丈许，多分枝，小枝圆筒状，表面灰褐色或暗色，皮孔较多且明显，单叶互生，卵形，边缘具有紧密钝锯齿，叶绿色，入秋后变红色，夏季开花，腋生聚伞花序，黄绿色，蒴果卵球形，熟时橙黄色，裂成三瓣，种子有鲜红色的肉质假种皮，花果期5—10月。

【生长环境】武夷山洋庄、上梅等各地山坡灌丛中可见。

【采集加工】叶、藤：全年可采，根8—10月采挖，均鲜用或晒干备用。

【性味功能】辛、温，祛风活血，消肿止痛；叶：苦、平，解毒散瘀。

【用法用量】牛、马100～150克，猪、羊30～50克。

【主治应用】风湿痹痛，四肢麻木，跌打损伤，脱臼骨折，肠黄作泻。

【方例1】牛风湿症：本品根、柘树根、大活血各60克，乌药30克，水、黄酒各1 000毫升，文火炖，取汁喂服。

【方例2】牛痢疾：本品60克、山扁豆125克，煎水取汁喂服。

## 野鸦椿（野鸦椿属）*Euscaphis Japonica*（Thunb.）Dippel.

别　名：鸡肫花

药材名：野鸦椿

【药用部位】根、果实。

【形态特征】落叶小乔木，树皮灰色，具纵裂纹，山枝及芽棕红色。奇数羽状复叶对生，总叶柄长2～6厘米，托叶小条形，早落，小叶通常5～9枚或3～11枚，卵状披针形，先端渐尖，基阔楔形，边缘具细锯齿。圆锥花序顶生，萼片5，花冠绿色，骨突骨成熟时鲜红色沿内缝线开裂，下有宿萼。种子近球形，黑色外包有鲜红色假种皮。5—6月开花。

【生长环境】零星生长于武夷山各地杂木林中。

【采集加工】根：夏秋采挖，果（鸡肫花）秋冬采，均鲜用或晒干备用。

【性味功能】根：微苦、甘、平，祛风利湿；果：辛温解毒，镇痛行气。

【用法用量】鲜根：牛、马150～200克，猪、羊50～100克。

【主治应用】根：治风湿腰痛，产后风；果：治感冒、疝气、荨麻疹、漆过敏等。

【方例1】荨麻疹：鸡肫花15克、红枣30克、水煎服。

【方例2】头痛：鸡肫花15克，向日葵花托30克，鸡蛋1个炖服。

【方例3】腰痛：野鸦椿、勾儿茶各用根30克，水煎服。

【方例4】漆过敏：患处先用韭菜水煎洗后再将研细的鸡肫花撒敷患处。

## 黄金风（凤仙花属）*Impatiens Siculifer* Hook. f.

别　　名：水金花

药材名：黄金风

【药用部位】根、茎、叶、花。

【形态特征】一年生草本，高40～100厘米，茎直立，肉质节常膨大。叶互生，披针形，边缘有深锯齿。叶柄两侧有数个腺体。花大单生或数朵生于叶腋，黄色，萼距膨大，向后突出。蒴果纺锤形，密生短绒毛，成熟时果瓣裂开，弹出种子。种子多数卵圆形，少数略有棱角，棕褐色，5—9月开花。

【生长环境】武夷山市景区、茶劳山等山谷、溪涧、林下阴湿地多有生长。

【采集加工】全草夏秋采收，鲜用或晒干备用。种子于8—9月果实近成熟时摘下，晒干，收集弹出的种子。

【性味功能】根、茎、叶：微苦；花：淡、凉，有小毒，入肝经，祛风活血，消肿解毒。

【用法用量】鲜品牛、马50～100克，猪、羊15～30克。种子牛、马60～90克，猪、羊9～24克。孕畜忌服。外用全草适量捣烂敷患处。

【主治应用】风湿关节痛，疮肿，跌打损伤，毒蛇及蜂咬伤；花：产后瘀血腹痛；种子治鱼骨哽喉，催产，癌肿。

## 八角枫（八角枫属）*Alangium Chinense*（Lour.）Harms.

别　名：华瓜木、白龙须、木八角、橙木

药材名：八角枫

【药用部位】根、茎、叶、花。

【形态特征】落叶小乔木。树皮淡灰色，小棱有黄色疏柔毛。叶互生，长卵形或长圆状卵形，先端渐尖，基部圆楔形或浅心形，偏斜，全缘或有少数角状浅裂。叶被脉有毛，基出脉3～6，于叶背凸起。二歧聚伞花序腋生，花10余朵，苞片条形，开后反卷。核果卵形。5—6月开花。

【生长环境】生于武夷山各地较向阳的山坡疏林中。

【采集加工】根、叶：夏秋采收，鲜用或晒干备用。

【性味功能】辛、苦，微温，有小毒。祛风除湿，舒筋活络，散瘀止痛。

【用法用量】根、皮：牛、马30～60克，猪、羊10～20克。

【主治应用】风湿性关节炎，跌打损伤，创伤出血，毒蛇咬伤。

## 瓜木（八角枫属）*Alangium Platanifoium*（Sieb. et Zucc.）Harms.

别　名：五角枫

药材名：瓜木

【药用部位】根、叶、花、皮。

【形态特征】落叶乔木，高3～15米，叶互生，叶型不一，通常圆形或阔卵形，有明显的4～7浅裂，下面有疏毛。聚伞花序腋生，花较少，1～7朵，白色或黄黑色；花瓣较长。核果卵形，花萼宿存，熟时黑色，花期3—7月，果期7—9月。

【生长环境】生于武夷山各地较向阳山坡阴湿处。

【采集加工】根、皮：四季可采，鲜用或晒干备用。夏秋采嫩叶。

【性味功能】辛、微温，有小毒。祛风除湿，散瘀止痛。

【用法用量】牛、马：根60～90克，茎、叶60～120克；猪、羊：根30～45克，茎、叶30～60克，煎汤灌服。孕畜忌服。

【主治应用】风湿骨痛，麻木瘫痪，跌打损伤，亦与八角枫混用。

### 秀丽野海棠（野海棠属）*Bredia Amoene* Dieis.

别　　名：活血丹、山里红（武夷山民间）

药材名：大叶活血

【药用部位】全株。

【形态特征】常绿小灌木，高约65厘米，小棱叶柄及叶脉初时均被棕色皮屑状细毛，后渐脱落成无毛。叶对生，卵形至卵状椭圆形，先端尖，基部圆形至浅心形，边缘疏生细齿，无毛，主脉通常3条，圆锥花序顶生，被棕色皮屑状细毛及具柄的腺毛，萼筒陀螺形，疏生腺毛，4浅裂，花4瓣，淡红色。蒴果近球形，花期7—8月，果期8—9月。

【生长环境】广布于武夷山各地山坡林下及灌木丛中。

【采集加工】全株夏秋采，鲜用或晒干备用。

【性味功能】微苦、平；祛风利湿，活血调经。

【用法用量】全株：牛、马60～90克，猪、羊20～30克。

【主治应用】风湿关节痛，跌打损伤。

### 棘茎葱木（葱木属）*Aralia Echinoculis* Hand-Ma zz

别　　名：红老虎刺（武夷山民间）

药材名：红老虎刺

【药用部位】茎、皮、根。

【形态特征】灌木、高约3米，二回奇数羽状复叶互生，小叶5～7，基部另有小叶2片，小叶卵状长圆至披针形，边缘具细齿，叶背粉白色，侧生小叶基部偏斜。叶轴密生红棕色棘刺。伞形花序排成大圆锥形，顶生。花序及花梗均具红棕色毛，萼齿5，花瓣5，白色，核果球形，具5纯棱，5—7月开花结果。

【生长环境】分布于武夷山茶劳山等地山坡林缘杂木丛中。

【采集加工】根、皮，全年可采，剥取根皮，刨去表皮晒干备用。

【性味功能】微苦、温，祛风除湿，行气活血。

【用法用量】根、皮：牛、马30～60克，猪、羊15～30克。

【主治应用】风湿关节痛，跌打损伤。

【方例1】关节痛：根二层皮30克，猪脚爪1个，酒水各半炖服。

【方例2】胃、十二指肠溃疡：根二层皮15～30克，南五味子藤、乌药各15克，枳壳、甘草各9克，水煎服。

【方例3】武夷山民间群众认为，本品作用与葱木相似，但药性优于葱木。

树参（树参属）*Dendropalieri Ceualieri*（Vig.）Merr.

别　　名：鸭脚风、半枫荷、枫荷梨、木五加

药材名：树参

【药用部位】根、茎、叶。

【形态特征】常绿小乔木，叶互生，密生半透明腺点，叶形变化大，三裂或二裂至叶片中部或者不分裂，常同株内存在三种叶形，叶片椭圆形或狭卵形，全缘无毛，网脉明显。伞形花序顶生，花绿白色，萼5齿裂，花瓣5，浆果球形，8—10月开花，10—12月结果。

【生长环境】武夷山各地山坡，阴湿的常绿阔叶林中多有生长。

【采集加工】秋冬挖根，叶全年可采，均鲜用或晒干备用。

【性味功能】甘、平，祛风除湿，活血舒筋。

【用法用量】牛、马90～125克，猪、羊45～60克，孕畜忌服。

【主治应用】风湿痛，半身不遂、产后风、跌打损伤。

【方例1】牛风湿坐栏：枫荷梨、美丽胡枝子根各6克，老艾根6克，煎水取汁温酒500克为引喂服。

【方例2】关节炎：本品125克、钩藤根90克、大血藤60克，加桂枝、牛膝各30克，煎水取汁，灌服。

## 链珠藤（链珠藤属）*Alyxia Sinensis* **Champ ex Benth.**

别　　名：阿利藤、过骨边、瓜子藤（武夷山民间）

药材名：链珠藤

【药用部位】全株及根。

【形态特征】藤状灌木，根外皮淡黄色，有香味，叶对生或三叶轮生，革质，倒卵形或长圆形，长1.5～3.5厘米，先端钝，多有微凹，叶面绿色有光泽，主脉下陷，叶背淡绿色，主脉凸起，全缘稍反卷。总状聚伞花序腋生或顶生，花萼5裂，花圆先淡红色，后变白色，高脚蝶形，5裂，裂片左旋状排列，核果卵圆形，单粒或3粒连球状，7—12月开花结果。

【生长环境】生于武夷山洋庄、星村等山坡灌丛中或林缘阴湿地。

【采集加工】根、茎，全年可采，鲜用或晒干备用。

【性味功能】微苦、辛温，有小毒，祛风行气，燥湿健脾，能经活络。

【用法用量】鲜品牛、马80～160克，猪、羊30～60克。

【主治应用】风湿关节痛，产后风，跌打损伤，泄泻，食积气胀。

## 络石藤（络石属）*Tracehlospermum Jasminoidts*（Lindl.）**Lem.**

别　　名：络石、明石、云珠

药材名：络石藤

【药用部位】茎、叶。

【形态特征】常绿攀援藤本，具乳汁，茎有气根，叶对生，椭圆形或卵状披针形，叶柄短，聚伞花序腋生或顶生，花萼5裂，花冠高脚碟状，裂片5，右旋，白色，骨突果圆柱形，长可达15厘米，叉生，种子顶端具种毛，花期4—5月，果期10月。

【生长环境】常攀援于岩石、墙壁、树干等物体上。武夷山市各地随处可见。

【采集加工】全草全年可采，鲜用或晒干备用。

【性味功能】苦、微寒，祛风通络，行瘀止痛。

【用法用量】鲜品牛、马60～120克，猪、羊15～30克。

【主治应用】风湿痹痛，经脉拘弯，四肢麻木，咽喉肿痛，跌打损伤，乳痛，痛肿疮毒。

【方例1】牛、羊关节肿痛：本品、五加皮、土牛膝、威灵仙、虎杖各
30～60克，水煎服。

【方例2】牛、羊感冒、四肢发硬：本品、白毛藤、石蟾酥、忍冬藤、水
辣廖各30～60克水煎服。

## 尖尾枫（紫珠属）*Callicarpa Longissima Hemsl Merr.*

别　　名：牛舌广

药材名：牛舌广

【药用部位】全株。

【形态特征】灌木，高2～5米，小棱四棱形，节明显有毛，叶交互对生，
披针形或长椭圆形，全缘或具小齿。聚伞花序腋生；花萼钟状，先端四浅裂，
花冠淡紫色，营状；核果扁球形，幼时淡紫色，成熟时白色，7—9月开花，果
期10—12月。

【生长环境】生于武夷山各地村旁及山坡向阳地。

【采集加工】根、茎：全年可采，叶夏秋采收，均鲜用或晒干备用。

【性味功能】苦、辛、温，祛风散寒，调气行瘀，止血镇痛。

【用法用量】鲜根：牛、马100～180克，猪、羊45～60克；叶：牛、马
80～160克，猪、羊30～60克。

【主治应用】根：治风湿关节痛，冷积腹痛，乳痈；茎、叶：治咳嗽，产
后风，幼畜腹泻，跌打损伤，外伤出血等。

## 长叶紫珠（紫珠属）*Callicarpa Loureiri* Hook. et. Arn.

别　名：野枇杷、老哈眼

药材名：长叶紫珠

【药用部位】根、茎、叶。

【形态特征】灌木，高达3米，小枝，叶背，花序密生黄毛。叶对生，卵状椭圆形或长圆状披针形，边缘有锯齿，叶面脉上有毛，两面具透明腺点。聚伞花序腋生，花无柄，花萼4裂被毛，花冠筒状4裂红色；核果球形淡紫色。5—12月开花结果。

【生长环境】武夷山各地山坡林缘均可见。

【采集加工】根、茎：全年可采；叶：夏秋采收；均鲜用或晒干备用。

【性味功能】苦、辛、平；根、茎：祛风除湿；叶：止血解毒。

【用法用量】本品鲜叶：牛、马100～180克，猪、羊60～90克；根：牛、马80～160克，猪、羊45～60克。

【主治应用】根：治关节炎，水肿，跌打损伤，外伤出血，冻疮等。

## 甘露子（水苏属）*Stachys Siebclai* miq

别　　名：宝塔菜、草石蚕

药材名：甘露子

【药用部位】全株。

【形态特征】多年生草本。高30～60厘米，通体被短毛。茎基部有匍匐枝，匍匐枝顶端有白色螺丝形肉质块茎，茎四棱形，棱上有倒生的长刺毛。叶对生，卵形或椭圆状长卵形，边缘有圆锯齿。两面有长柔毛。花淡红紫色；苞片披针形，两面有长柔毛；轮伞花序3～6轮，在枝梢集成窄长间断假穗状花序；花萼2唇形，外被腺毛；花冠2唇形，上唇狭长方形，下唇3裂，有斑点。4小坚果黑色，包子宿萼内。花期7—8月，果期9月。

【生长环境】生于武夷山星村等地山沟阴湿地或有水之处。

【采集加工】夏秋采全草，秋季挖块茎，洗净鲜用或晒干备用。

【性味功能】甘、平，祛风利湿，活血散瘀。

【用法用量】牛、马60～90克，猪、羊15～30克，外用鲜块茎捣烂敷患处。

【主治应用】黄疸、尿路感染，风热感冒，肺结核，疮毒肿痛，虫蛇咬伤。

爬岩红（复水草属）*Veronicastrum Axillare*（Sieb. et Zucc.）**Yamazaki.**

别　名：腹水草、双头爬（武夷山民间）

药材名：爬岩红

【药用部位】全株。

【形态特征】多年生蔓性草本，长1～2米，茎多分枝，有细纵棱，常无毛或稀被黄色卷毛，上部倾卧，顶端着地处可生根，单叶互生，长卵形或披针形，先端渐尖或短尖，基部楔形或圆，边缘有锯齿，无毛或在叶脉有疏短民，具短柄穗状花序腋生，圆柱状长卵形，花密集，花冠紫红色，蒴果卵形，花期7—9月。

【生长环境】武夷山各地山坡荒野较阴湿处常见。

【采集加工】全草全年可采，鲜用或晒干备用。

【性味功能】苦、平、凉，有小毒；利尿消肿，破积行瘀。

【用法用量】牛、马30～120克，猪、羊10～20克，孕畜慎用。

【主治应用】腹水胀满，小便不利，尿闭水肿。疮黄疔毒，毒蛇咬伤，烫伤。

## 武夷腹水草（复水草属）*Veronicastrum Wuyiense* Y. T. Chang et L. Y. Chen ined.

别　名：两头拉、穿山鞭

药材名：腹水草

【药用部位】全株。

【形态特征】多年生蔓草本，茎细柔，常弯垂着地生根，叶互生，卵形或卵状长圆形，茎部圆形成楔形，先端渐尖，有时尾尖，边缘有不整齐粗锯齿，叶背紫红色，穗状花序腋生，花紫红色，花冠筒状，蒴果卵圆形，稍扁，花期8—9月。

【生长环境】产于武夷山，各地山坡林缘沟谷丛林中均有生长。

【采集加工】夏秋采全草、鲜用或晒干备用。

【性味功能】苦、温，有小毒，利水消肿、逐水祛瘀。

【用法用量】牛、马60～125克，猪、羊15～45克。

【主治应用】膨胀腹水，湿疹发炎，水肿尿闭，虫蛇咬伤。

【方例1】猪、牛尿闭：本品90～125克，车前草125～180克，煎水牛一次服，猪、羊2～3次分服。

【方例2】猪水肿病：本品30克或配荸荠草125克，胡荽子3～6克，煎水，掺入饲料内喂服。

【方例3】牛毒蛇咬伤：腹水草半边莲，青木香各等量，共研细末，每次30～60克，开水冲服。

## 虎刺（虎刺属）*Damnacathus Indicus*（L.）Gaertn.

别　名：伏牛花、绣花针（武夷山民间）

药材名：虎刺

【药用部位】全株及根。

【形态特征】有刺短小灌木，高15～60厘米，根粗状淡黄色，茎常二叉分枝，小枝具针状刺，对生于二叶间，叶对生，草质，卵形或椭圆状卵形，先端尖，基部圆，全缘，叶背脉上疏带有红晕，核果球形，熟时朱红色，种子4枚，4—8月开花结果。

【生长环境】生于各地山坡灌木丛中，林缘，林下阴湿处。武夷山岚谷安庄等处可见。

【采集加工】全草及根全年可采，鲜用或晒干备用。

【性味功能】甘、微苦、辛，健脾益肾，化痰止咳，驱风活血，利水消肿。

【用法用量】牛、马25～48克，猪、羊9～18克。

【主治应用】风湿痹痛，行走艰难，关节不灵，跌打损伤，黄疸，水肿胀满，脾虚浮肿，咳嗽，肺痛，劳倦乏力。

【方例1】猪、牛风湿症：虎刺、威灵仙、茜草根各9～18克，水煎猪一次服，牛加2～3倍服。

【方例2】仔猪白痢：虎刺根、枸骨根、紫金牛、白马骨各30～60克，（约10头仔猪量），煎服。

【方例3】小猪水肿病：虎刺根9～18克，石蟾蜍3～6克，水煎渗入料内喂服。

【方例4】虎刺防已汤（经验方）：治湿痹作痛，步行艰难；虎刺根、五加皮、薜荔藤、青木香、防已根。

## 佩兰（泽兰属）*Eupatorium Fortunei* Trucz.

别　名：佩兰叶、省头草、兰草

药材名：佩兰

【药用部位】茎、叶。

【形态特征】多年生直立草本，高40～120厘米，茎有纵棱。叶对生，中部叶有短柄，分裂成3个裂片，裂片长圆形，边缘有齿，表面绿色，背面淡绿色，上部小叶较小，通常不分裂，揉碎后有香气。头状花序在茎顶排列呈聚伞花序式，全部管状花浅紫红色，7—11月开花结果。

【生长环境】生长溪边潮湿地带，武夷山有零星栽培。

【采集加工】夏季茎叶生长茂盛、未开花前采收，鲜用或晒干、阴干均可。

【性味功能】苦、微辛，平；入脾经，化湿健脾，解暑辟浊。

【用法用量】牛、马20~45克，猪、羊5~15克。

【主治应用】治胸膈胀满，胃纳不佳，口腔流延等症常配滑石、苡仁等同用；对暑湿表证精神倦怠，舌胎厚腻或暑热作泻，反胃吐食等症常配藿香或与苡仁、半夏、厚朴等同用。

【方例1】暑湿胸闷、食减口甜腻：鲜本品开水冲泡代茶饮或配苍术、陈皮各4.5克，荷叶9克，水煎服。

【方例2】消渴：本品叶6克煎水送六味地黄丸9克，每天3次，饭前服。

## 粉背薯蓣（薯蓣属）*Dioscorea Hypoglauca* Palibin

别　名：黄草解

药材名：萆解

【药用部位】块状根。

【形态特征】草质缠绕藤本。根状茎横生，竹节状，表面着生细长的须根，断面黄色。茎左旋，无毛或有时密被黄色柔毛。单叶互生，叶三角形或卵圆形，长4.5～15厘米，宽2.5～11厘米，顶端渐尖，基部心形，宽心形或近截形，边缘波状或全缘，有时叶边缘呈半透明于膜质，上面无毛，下面灰白色，通常有白粉，沿叶脉及叶缘被黄白色刺毛；叶片压干后通常黑色。花单性，异株，雄花序为穗状花序，着生于叶腋，有时花轴延长、分枝，呈圆锥状穗状花序，雄花无梗，发育雄蕊3枚，着生于花被管上，与退化雄蕊互生，雄蕊开放后药隔宽约为花药的一半，花丝短；雌花序为穗状花序，雌花退化雄蕊呈花丝状。蒴果三棱形，大小变化较大，两端平截，顶端与基部通常等宽，表面粟褐色，含有光泽，成熟后反折下垂；种子每室2个，着生于中轴的中部，四周围以薄膜状的翅。花、果期5—9月。

【生长环境】生于武夷山各地疏林下或林缘灌丛中。

【采集加工】块根入药，秋后采收，除去须根及杂质，鲜用或晒干备用。

【性味功能】甘、平，祛风利湿。

【用法用量】鲜品：牛、马90～180克，猪、羊30～60克。

【主治应用】用于治疗尿路感染、小便浑浊，乳糜尿、白带、风湿关节痛、腰膝酸痛等。

## 山萆薢（薯蓣属）*Dioscorea Tororo* Makino

药材名：萆薢

【药用部位】块状根。

【形态特征】草质缠绕藤本。根状茎横生，近圆柱形，有不规则分枝，着地的一面生有多数须根。茎表面光滑无毛，有纵沟。单叶互生；茎下部的叶片心形，中部以上的渐成三角状心形，长11～11.5厘米，宽8～10.5厘米，顶端渐尖或尾尖，基部心形至宽心形，全缘或有时呈微波状，上面绿色，光滑无毛，下面沿脉有时密生乳头状小突起。花单性，异株；雄花序为总状花序或圆锥花序，着生于叶腋，雄花有梗，在花序的基部通常2～4朵集成伞状，中部以上的通常单生，发育雄蕊6枚；雌花序为穗状花序或圆锥花序，单生，少有2个着生于叶腋。蒴果三棱状倒卵形，长大于宽，顶端微凹，基部狭圆形，成熟时果梗下垂；种子每室2个，着生于中轴的基部，种翅由两侧向上扩大，上端翅宽超过种子1倍以上。花期6—8月，果期8—10月。

【生长环境】生于武夷山各地林下潮湿处或稀疏杂木林下。

【采集加工】块根入药，秋后采收，除去须根及杂质，鲜用或晒干备用。

【性味功能】甘、平，有小毒。祛风利湿。

【用法用量】鲜品：牛、马60～120克，猪、羊30～45克。

【主治应用】主治骨痛，根状茎投入水中可毒鱼。

## 叉蕊薯蓣（薯蓣属）*Dioscorea Collettii* xloor. f.

别　　名：九子不离母、蛇头草

药材名：萆薢

【药用部位】块状根。

【形态特征】多年生缠绕藤本，长2～3米。根茎肥厚，横生，有规则短分枝，似姜茎纤细，无毛或有时生黄色密短毛。单叶互生，具长柄；叶片三角状心形或窄卵形，先端渐尖，基部心形，边缘波状或近全缘，上面绿色，叶背灰褐色，沿叶脉着生脱落性白刺毛，基出脉6～9条。夏秋开黄绿色花，穗状花序腋生；花单性雌雄异株，雄花花被5裂，能育雄蕊3枚，花药有横宽药隔，退化雄蕊3枚，雌花有窄长下位5旁，退化雄蕊丝状。蒴果有3翅，栗褐色，有光泽，熟后反曲下垂，顶端开裂，种子扁卵圆形，四周围以近方形膜质翅。

【生长环境】生于武夷山各地山坡、沟边青石山灌木丛中。

【采集加工】秋、冬采集，切片晒干备用。

【性味功能】苦、微辛、平，祛风除湿，止痒、止痛。

【用法用量】牛、马60～120克，猪、羊15～30克。

【主治应用】风湿性关节炎，过敏性皮炎，坐骨神经痛，跌打损伤。

## 金钱蒲（菖蒲属）*Alorus Gramineus* Soland.

别　　名：九节菖蒲

药材名：金钱蒲

【药用部位】全草。

【形态特征】多年生草本，植株较短小，高在10厘米左右，叶窄，根茎短，横走，芳香，淡黄色，节间长1～5毫米，根肉质，多数，须根长渐尖，基部对折，两侧膜质叶鞘棕色，下部宽2～3毫米，上延至叶片中部以下，渐狭，脱落，全缘；无中肋，平行脉多条，不显。花序柄长2.5～9厘米，长3～9厘米，为肉穗花序长的1～2倍，稀比肉穗花序短，很狭，宽仅1～2毫米；肉穗花序黄绿色，圆柱形，长3～9毫米，直径3～5毫米。果序粗达1厘米，果黄绿色。

【生长环境】武夷山茶劳山等山谷、溪边的岩石上有生长。

【采集加工】四季可挖，鲜用或晒干备用。

【性味功能】辛、温，微苦，气香。行气止痛，祛风逐寒，解毒利水，豁痰开窍。

【用法用量】牛、马30～90克，猪、羊15～30克。

【主治应用】痰迷心窍，神志昏迷，牙关紧闭，胸闷腹痛，湿浊中阻，风湿关节痛，疝痛水肿；外用治无名肿毒。

## 地刷子石松（石松属）*L. ycopdium complanatum* L.

别　　名：过江龙（武夷山民间）

药材名：过江龙

【药用部位】全草。

【形态特征】多年生草本。匍匐茎漫生。直立茎呈扇状，2叉分枝，下部茎圆形，上部的侧枝扁平。叶全缘，匍匐茎，直立茎下部及孢子囊穗上叶疏生，钻形；末四小枝上的叶4列孢子囊穗上单顶生，圆柱形；孢子囊圆肾形，夏秋生孢子。

【生长环境】武夷山上梅、洋庄等乡镇高山向阳山坡草丛中多有生长。

【采集加工】全草全年可采，鲜用或

晒干备用。

【性味功能】辛、平。祛风通络。

【用法用量】牛、马30～90克，猪、羊、狗10～15克。

【主治应用】治风湿关节痛。

## 金毛狗（金毛狗属）*Cibotium barometz*（L.）j. sm.

别　　名：金尾狗脊

药材名：金毛狗

【药用部位】根状茎基部

【形态特征】株高1.5～3米，根状茎粗状，连同叶柄基部披金黄色有光泽的条形长绒毛。叶簇生，阔卵状三角形，长达2米，三回羽状分裂，羽片互生，下部羽片卵状披针形，渐上渐小，小羽片条状披针形，羽状深裂至全裂；裂片紧接，狭长圆形，略呈镰刀状，边缘有细齿，两面无毛。孢子囊群长圆形，生裂片背面边缘，每裂片上有2～3枚，囊群盖2辨，形如蚌壳，4—8月生孢子。

【生长环境】武夷山市武夷、上梅等乡镇山坑溪边，林下阴湿处多有生长。

【采集加工】根茎全年可采，秋冬采挖者为佳，除去黄色毛茸及顶根，晒干或切片后晒干称"生狗脊"，用水煮或蒸后，半干时切片晒干称熟狗脊。茸毛晒干备用。

【性味功能】苦、甘、温。根茎祛风除湿，强腰壮骨；茸毛止血。

【用法用量】牛、马15～45克，猪、羊9～15克，研末，开水冲候温灌服。茸毛烘干适量敷伤口出血处。

【主治应用】腰肢无力，跌打骨折，小便失禁，风湿痹痛，茸毛止血。

【方例】家畜风湿症：狗脊120克，土牛漆60克，威灵仙90克，煎水，黄酒100毫升为引灌服。

## 细叶青蒌藤（胡椒属）*Piper kadsura*（shoisy）ohwi

别　　名：海风藤

药材名：细叶青蒌藤

【药用部位】茎叶。

【形态特征】藤本、全株有辛味。老茎灰色，小枝有条纹，有毛，节膨大，常生不定根。叶互生，长卵形至狭椭圆形，长4～9厘米，全缘，叶面有腺点，叶背疏生短毛，叶脉5～7条，靠近基部发出。花单性，雌雄异株，穗状花序与叶对生，无花被，雄花序长2.5～6厘米，雌花序长1.5～2.5厘米。浆果卵球形，褐黄色。4—5月开花，秋冬果成熟。

【生长环境】生于武夷山各地山谷林下，常攀在树上或石头上。

【采集加工】全草秋季采收，鲜用或晒干备用。

【性味功能】辛、苦、微温。入肝、脾经，通经络、祛风湿。

【用法用量】牛、马30～45克，猪、羊15～25克。

【主治应用】风寒湿痹、四肢疼痛、筋脉拘挛等。

## 山蒟（胡椒属）*Piper hancei* Masim

别　　名：海风藤（通称）、伤藤仔（武夷山民间）

药材名：山蒟

【药用部位】茎叶或根。

【形态特征】藤本长达数米，茎有棱，无花，节膨大，常生不定根。叶互生，质稍厚，卵状披针形或长圆状披针形，长5～15厘米，全缘，两面无毛。花单性，雌雄异株，雄穗状花序5～15厘米与叶对生；雌穗状花序长3厘米，果期延长，浆果球形，黄色，4—6月开花，秋季结果。

【生长环境】生于各地山谷林下，常攀于树或石头上。

【采集加工】全草，秋季采收，切段，鲜用或晒干备用。

【性味功能】辛、温。祛风除湿，通络止痛。

【用法用量】牛、马30～45克，猪、羊12～25克。

【主治应用】风湿关节痛，咳嗽气喘，跌打损伤，胃痛，疝气痛。

【方例1】风湿关节痛：本品鲜草15克、桑寄生9克，水煎服。

【方例2】跌打损伤：本品鲜叶适量，捣烂，炒热加酒少许，先擦患处，后敷上。

## 伞形绣球（绣球属）*Hydrangea angustipetala* **Hayata**

别　名：土常山（通称）

药材名：伞形绣球

【药用部位】绣球花。

【形态特征】落叶灌木，高1～1.3米，小枝暗紫色，被平伏柔毛，二年生枝表皮通常呈薄片状剥落。叶近膜质，倒卵状长圆形或长圆状披针形，长7.5～12厘米，宽2.3～3.7厘米，顶端渐尖或尾状渐尖，基部楔形，边缘近基部以上有锯齿，叶片正面除中脉外通常无毛，背面疏被平伏柔毛，脉上较密，脉腋间有柔毛；叶柄长0.6～1.2厘米，被平伏柔毛。伞形花序，靠合，较粗壮，

无总花梗，通常有主轴承5条，被平伏柔毛；不孕花大，白色，萼片4片，阔椭圆形或近圆形，顶端通常有齿；孕性花：花梗长2～3毫米，被稀疏平伏柔毛；花萼5裂，裂片卵形；花瓣5片，黄白色，长圆状倒卵形或狭长椭圆形，无毛；雄蕊7～10枚，子房半下位，花柱3枚。蒴果约一半以上突出萼筒外，筒部被稀疏平伏柔毛；种子无翅。花期6—7月，果期7—9月。

【生长环境】生于武夷山各地山谷、溪边灌丛或路旁。

【采集加工】根全年可采，花果夏秋采收，均鲜用或晒干备用。

【性味功能】根：辛、凉，有小毒。疏风理气，消积散瘀。

【用法用量】牛、马25～50克，猪、羊10～20克。

【主治应用】主治风湿疼痛，消食等。

### 兰香草（莸属）*Caryopteris incana*（Thunb.）Miq.

别　　名：莸、山薄荷、婆绒花等

药材名：兰香草

【药用部位】全草。

【形态特征】落叶小灌木。高20～60厘米，小枝近方形，被柔毛。叶对生，卵形或长圆形，边缘具粗锯齿。两面密生柔毛，叶背有黄色腺点，聚伞花序生于枝梢叶腋；花萼钟状，5深裂，被毛，花冠淡蓝紫色，5裂。蒴果球形，包干宿萼内。6—10月开花，7—11月结果实。

【生长环境】武夷山城区、武夷等地较干燥的山坡岩石上、沙土层多有生长。

【采集加工】夏秋采全草，鲜用或晒干备用。

【性味功能】辛、微温，疏风解表，祛寒除湿，散瘀止痛。

【用法用量】本品鲜全草，牛、马60～90克，猪、羊15～30克。

【主治应用】咳嗽，产后瘀痛，外伤瘀积疼痛，风寒湿痹，止血（外用有较好止血作用），腰肌劳损。

【方例1】家畜水肿：兰香草、杠板归、鸭跖草、车前草、冬瓜皮各30～60克，煎水牛1次灌服。

【方例2】猪风热咳嗽：兰香草、醉鱼草、枇杷叶、瓜蒌皮各15～24克，煎服。

【方例3】家畜关节痛：兰香草、老雀草、稀莶草各60～90克，煎水牛1次灌服。

【方例4】家畜尿路感染：兰香草、车前草、鱼鲜草、鸭跖草各30克，煎水猪1次喂服。

### 刺桫椤（木桫椤属）*Alsophila spinulosa*（Wall. exHook）Tryon

【药用部位】茎。

【形态特征】多年生树形蕨类植物，高3～8米，主杆深褐色，外皮坚硬，残留叶痕。叶簇生于顶长1～3米，三回羽状分裂；羽片互生，长圆形小羽互生，条状披针形，边缘具细锯齿；叶柄及叶轴粗壮，下侧密生皮刺；羽轴、小羽轴上面棱沟中密被黄棕色分节卷曲毛，下侧有皮刺，小羽轴，裂片主脉下具略呈泡状的鳞片，孢子囊群圆形，着生裂片下半部近主脉两侧各1行，孢子期3月。

【生长环境】武夷山洋庄等山谷、溪边及林下阴湿地有分布。

【采集加工】去外皮主茎，全年可采，刮去坚硬外皮，鲜用或切片晒干备用。

【性味功能】微苦、平；祛风活血，清热止咳。

【用法用量】牛、马50～100克，猪、羊15～30克。

【主治应用】风湿疼痛，肾炎水肿，咳嗽、跌打损伤。

## 鹅毛玉凤花（玉凤花属）*Habenaria dentata*（SW.）schltr.

药材名：鹅毛玉凤花

【药用部位】块根。

【形态特征】草本，高30～60厘米，块茎1～2个，卵形或长圆形，肉质；茎无毛。叶3～5片互生，广披针形，狭卵形或狭椭圆形，长5～17朵花；苞片披针形，长与子房相近；萼片卵形，中片与花瓣连贴，侧片外展；花瓣较小，唇瓣3裂，而裂稍短而窄尖，全缘，侧裂片宽近倒三角形或近半圆形，边缘有细齿，距曲析状，上半部白色，下半部绿色，向下末端渐增厚，子房下部稍大，柱头2裂，突起物并行，具沟。8—11月开花结果。

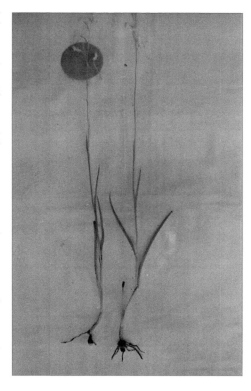

【生长环境】生于武夷山洋庄、葛仙等地山坡阴湿处。

【采集加工】块根全年可采，鲜用或晒干备用。

【性味功能】甘、平，益肾利湿，解毒。

【用法用量】牛、马60～120克，猪、羊15～30克。

【主治应用】疝气，白浊，白带，蜈蚣和毒蛇咬伤等。

## 茯苓（茯苓属）*Poria cocos*（Schw.）wolf

别　　名：云苓、茯菟

药材名：茯苓

【药用部位】菌核。

【形态特征】菌核深埋土中，球形、椭圆形或不规则，新鲜时质地较软，干后变硬，表面有深褐多皮壳，断面呈白色或淡红色，粉粒状。子实体平铺于菌核表面，白色，老白或干后呈淡黄色，孢子长方形至近圆柱形，透明无色。

【生长环境】砂质土壤，气候凉爽，向阳，排水良好的坡地上，寄生或腐生于马尾松，黄山松等根际，本市农民偶有采集，药农亦有少量培植。

【采集加工】全年可采，以6—9月为佳，挖后放在大缸或木桶内，下垫稻草，上覆盖麻袋，使水份蒸发（发汗），一周左右取出擦干再行发汗，如此反复3～5次即可阴干。削下外皮为茯苓皮，然后切成片状或方块状，淡红色的为赤茯苓，白色的为白茯苓，茯苓中心穿有松树根的为茯神。

【性味功能】甘、淡、平。白茯苓：健脾渗湿；赤茯苓：清热利水；茯神：宁心安神；茯苓皮：利水消肿。

【用法用量】马、牛15～60克，猪、羊8～18克，研末，开水冲候温灌服，或煎汤灌服。

【主治应用】白茯苓：治脾虚泄泻，水肿腹胀，咳嗽；赤茯苓：治泄泻；茯苓皮：治水肿。

【方例1】茯苓散：治脾胃不健的缩水停脐等症；茯苓、陈皮、苍术、二丑、槟榔、柴胡、厚朴、泽泻、桂皮、白术、砂仁、青皮、小茴香。

【方例2】五皮饮：治腹下水肿（锅皮黄），胸前水肿（胸黄）等症。桑白皮、茯苓皮、生姜皮、大腹皮、陈皮。

## 翠云草（卷柏属）*Selaginella uncihata*

别　　名：龙柏草

药材名：茯苓

【药用部位】菌核。

【形态特征】多年生草本。主茎伏地蔓生，圆柱形纤细，有纵棱，分枝处着地生不定根；侧枝疏生，多四二叉状分枝。叶主茎上2列疏生斜卵形全缘；侧枝上4列，紧密排列成平面二形，中叶较小，2列交互疏生，斜长卵形，全缘。孢子囊穗单生侧枝顶，四棱形；孢子叶卵状三角形，全缘，有白边，孢子二形，11月生孢子。

【生长环境】武夷山景区等山野林下及岩壁下阴湿地常见。

【采集加工】全草，全年可采，鲜用或晒干。

【性味功能】甘、淡、凉。清热利湿。

【用法用量】牛、马30～45克，猪、羊、狗10～15克。

【主治应用】尿血、咳血，幼畜高热不退，抽搐惊风，黄胆肝尖。

## 徐长卿（鹅绒藤属）*Cynachum paniculatum*（Bunge）Kitagawa.

别　　名：观音竹、毛茵竹（武夷山民间）

药材名：徐长卿

【药用部位】干燥根及根茎。

【形态特征】多年生直立纤细草本，高30～80厘米，根状茎短，簇生多数须根，有特殊香味，叶对生，线形或线状披针形，先端渐尖，基部渐狭，边缘稍反卷，并有短毛，复聚伞花序腋生，花萼5深裂，花冠黄绿色，5深裂，副花冠5枚，黄绿色，肉质，基部与雄蕊合生，连合成筒状，骨突果角状，种子多数，短圆形，6—10月开花结果。

【生长环境】生于武夷山景区、星村等向阳山坡的草丛中。

【采集加工】根全年可采，全草夏秋采收，均鲜用或晒干备用。

【性味功能】辛、温，气香，去痛止痒，祛风除湿，解毒消肿，行气活血。

【用法用量】鲜品：牛、马60～150克，猪、羊15～30克。

【主治应用】风湿痹痛，跌打损伤，毒蛇咬伤，痈肿、湿疹、伤风感冒、咳嗽气喘，中暑腹痛，热淋泄泻。

【方例1】腰痛，胃寒气痛，肝硬化腹水：徐长卿2～4钱。水煎服（《中草药土方土法战备专辑》）。

【方例2】腹胀：徐长卿3钱。酌加水煎成半碗，温服（《吉林中草药》）。

【方例3】五步蛇咬伤：本品根、马兜铃根各30克，山梗菜15克，金线兰或银线兰2~3株，加开水少许，捣烂取汁调蜜服。

【方例4】隔痛：本品根15克，茜草6克，浸酒100毫升，每日1剂，每次30毫升，临睡前服。

## 爱玉子（榕属）*Ficus awkeotsang*（Makino）

别　名：凉水籽（武夷山民间）

药材名：爱玉子

【药用部位】果实

【形态特征】形态与薜荔相似，民间常混用。本变种与原种的主要区别在于花序托长椭圆形，长6~8厘米，直径3~5厘米，两端稍尖，近无柄，熟时黄绿色，表面有白色斑点；叶长椭圆状卵形，长10~15厘米，宽4~7厘米，叶背密被锈褐色柔毛。果期4—5月。

【生长环境】生于武夷山各地山坡灌丛中。亦有栽培，常攀缘于泥墙上及墙头。

【采集加工】本品茎、叶、根：常年可采；果：成熟时采收，均鲜用或晒干备用。

【性味功能】淡、平，清凉解毒，祛风除湿。

【用法用量】牛、马60~160克，猪、羊30~45克，水煎灌服。

【主治应用】风湿痹痛，中暑等。

理血药·

## 鸡血藤（崖豆藤属）*Millettia reticulata*

别　　名：昆明鸡血藤、血藤（武夷山民间）

药材名：鸡血藤

【药用部位】藤茎。

【形态特征】木质藤本。茎红褐色，粗糙，刀砍时有红色汁液流出。奇数羽状复叶互生；小叶7~9片，卵状椭圆形，顶端短尖或微凹，全缘，两面有网脉。圆锥花序顶生；蝶形花紫色或红色；萼钟形，5裂，旗瓣广倒卵形。荚果线形，革质无毛。

【生长环境】武夷山洋庄、浆溪等地山地、丘陵的林边、灌丛中或沟谷丛中有零星生长。

【采集加工】茎、藤全年可采，采后稍放数天，切片蒸熟，晒干备用。

【性味功能】苦、温。补血强筋，通经活络。

【用法用量】牛、马60~120克，猪、羊30~60克。煎汤喂服。

【主治应用】风湿痛，产后虚弱，贫血。

## 华紫珠（紫珠属）*Callicarpa cathayana*

别　　名：中华紫珠、小号散风柴、鲤鱼里子

药材名：华紫珠

【药用部位】全草。

【形态特征】灌木，高达1~2米，小枝纤细，圆柱形，有小皮孔，幼时疏被星状毛。叶纸质，椭圆形至卵状披针形，长4~8厘米，宽1.5~3厘米，顶端渐尖，基部楔形，边缘有细锯齿，两面近无毛，仅脉上疏被星状毛，下面有红腺点；叶柄长3~7毫米。聚伞花序腋生，纤细，3~4次分歧，直径约2厘米，疏被星状毛，总花梗稍长于叶柄或与叶柄近等长；苞片细小；花萼杯状，具星状毛和红色腺点，萼齿不明显；花冠紫色，具星状毛和红色腺点；花丝与花冠近等长，花药伸出，长圆形，药室孔裂；子房无毛，花柱略长于雄蕊。果球形，紫色。花期5—7月，果期7—9月。

【生长环境】生于武夷山星村、武夷等各地山坡谷地、溪旁灌丛中。

【采集加工】叶且年可采，果秋后采收，均鲜用或晒干备用。

【性味功能】叶苦、性平。活血止血，清热解毒。

【用法用量】鲜叶：牛、马12~160克，猪、羊30~60克。

【主治应用】便血，创伤性出血，痈，疽等。

## 丹参（鼠尾草属）Radix Salviae Miltiorrhiae

别　名：赤参

药材名：丹参

【药用部位】根。

【形态特征】多年生草本，高30~100厘米，全株密被淡黄色柔毛及腺毛。根细长圆柱形，长10~25厘米，直径0.8~1.5厘米，外皮朱红色。茎四棱形，表面有浅槽，上部分枝。叶对生，有柄，单数羽状复叶，小叶通常5片，顶端小叶片最大，小叶柄亦最长，侧生小叶较小，具短柄或无柄；小叶片卵圆形至宽卵圆形，长2~7厘米，宽0.8~5厘米，先端急尖或渐尖，基部斜圆形或近心形，边缘有圆齿，叶面深绿色，疏被白柔毛，叶背灰绿色，密被白色长柔毛，脉上尤密。5—8月开花，顶生或腋生的轮伞花序，每轮有花3~10朵，多轮排成疏高的总状花序；花萼

略成钟状，紫色，花冠2唇形，兰紫色，长约2.5厘米，上唇有立，略呈镰刀状，先端微裂，下唇较上唇短，先端3裂，中央裂片较两侧裂片长且大，又作2浅裂，发育雄蕊2枚，伸出花冠营外而盖于上唇之下，退化雄蕊2枚，着生于上唇喉部的两侧，花药退化成花瓣状，花盘基生；一侧膨大，子房上位4深裂，花柱较雄蕊长，柱头2裂，裂片不相等。小坚果长圆形，熟时暗棕色或黑色，包于宿萼中，果期8—9月。

【生长环境】武夷山洋庄、吴屯等大部分地区都有分布或栽培。

【采集加工】野生品于11月上旬至历年3月上旬均可采挖，栽培品于第二、第三年秋季采挖，除去泥土，根须，洗净晒干备用。

【性味功能】苦、微寒。活血祛瘀，清心安神，消肿止痛。

【用法用量】牛、马30～60克，猪、羊15～30克。

【主治应用】血瘀气滞，产后恶露不尽，跌打损伤。

【方例1】牛、马劳伤心血：本品、当归、川芎、白芍、秦艽、续断等量粉为细末，白酒红糖为引，混合灌服。

【方例2】耕牛锁脚风症：本品、苍术、当归、防风、荆芥、元参、苦参、柴胡、熟地、川芎、陈皮、乌药、白芷、石菖蒲，生姜、大葱为引，柏叶入酒内调灌服。

## 薯莨（薯蓣属）*Dioscorea Cirrhosa* Lour.

别　名：赭魁、薯良、鸡血莲、血母

药材名：薯莨

【药用部位】块茎。

【形态特征】粗壮藤本，长可达20米。块茎形状不一，卵形、球形、长圆形至葫芦状，表面黑褐色，凹凸不平，断面新鲜时红色，干后紫黑色，直径可达20厘米。茎右旋，有分枝，无毛，基部具弯刺，向上刺渐疏。单叶，在茎下部的叶互生，中部以上的对生，叶片革质或近革质，长椭圆状卵形、卵圆形或卵状披针形至狭披针形，长5～21厘米，宽1.5～14.5厘米，顶端渐尖或骤尖，基部宽心形或圆形，全缘；两面无毛，叶片正面深绿色，背面粉红色，基出脉3～5条，网脉明显；叶柄长1.5～6厘米。花单性，异株；雄花序为穗状花序，长2～5厘米，通常排成圆锥花序状，长2～14厘米或更长，生于叶腋，雄花有发育雄蕊6枚；雌花序为穗状花序，单生于叶腋，长可达10厘米。蒴果不反折，三棱状扁圆形，长2～3厘米，宽2.5～5厘米，光滑无毛；种子每室2个，着生于中轴的中部，四周围以薄膜状的翅。花期4—6月，果期6—11月。

【生长环境】生于武夷山各地林缘、溪边或山坡、路旁灌丛中。

【采集加工】块根秋后采收，除去须根及杂质，洗净鲜用或晒干备用。

【性味功能】甘、平，涩，收敛止血，活血养血之功效强。

【用法用量】鲜品：牛、马90～180克，猪、羊30～60克。

【主治应用】用于治疗血崩、产后出血、咯血、尿血、上消化道出血、贫血等。薯莨片又称红孩儿片，有止血的作用。

扶芳藤（卫矛属）*Eaongymus fortunei*（Turcz.）Hand.-Mztt. Symb. Sin.

别　名：藤卫矛

药材名：扶芳藤

【药用部位】带叶茎枝。

【形态特征】常绿或半常绿藤本，匍匐或攀缘状，高3米以上，枝上通常生有气根并有小瘤状突起。单叶对生，叶片广椭圆形或椭圆状卵形至长椭圆状卵形，长2～7厘米，宽1～4厘米，边缘具细锯齿，稍带革质，花绿白色。蒴果球形，5—6月开花，9—10月果熟。

【生长环境】生于各地旷野或林缘，匍匐岩壁上或攀附一树上，武夷山农家有栽培。

【采集加工】本品全年可采，鲜用或晒干备用。

【性味功能】活血、止泻。

【用法用量】牛、马60～90克，猪、羊15～30克。

【主治应用】腰肌劳损，关节酸痛，慢性腹泻等。

## 地梗鼠尾（鼠尾草属）*Salvia scapiformis* Hance.

别　名：田芹菜、白补药

【药用部位】全草。

【形态特征】一年生草本。侧根细长，密集。茎高20～30厘米，略被倒状的微柔毛。叶大都为基生叶，多为单叶，间或有分出一片或一对小叶而成复叶，叶片心状卵形，叶面深绿色，叶背青紫色，脉上被短柔毛。轮伞花序6～10朵花，疏离，组成10～20厘米，单一或分枝的圆锥花序；苞片卵状披针形，花萼筒状，上唇半状三角形，全缘，下唇浅裂为二短尖齿；花冠紫色或白色，上唇顶端凹入，下唇中裂片2裂。小坚果卵圆形，夏秋开花结果。

【生长环境】生于武夷山茶劳山等地山谷林下。

【采集加工】全草夏秋采，鲜用或晒干备用。

【性味功能】辛，平。强筋壮骨、补虚益损。

【用法用量】全草：牛、马60～90克，猪、羊15～30克。

【主治应用】热痹、过劳乏力。

紫萼（玉簪属）*Hosta ventricosa*（Salisb.）Stearn

别　　名：紫玉簪

药材名：紫萼

【药用部位】全草。

【形态特征】多年生草本，根状茎粗壮。叶基生，卵形至卵圆形，长8～18厘米，宽4～15厘米，顶端短尾状或骤尖，基部心形或近截形，少有基部下延成楔形，有7～11对拱形平行的侧脉；叶柄长6～30厘米，两边具翅。花葶从叶丛中抽出，长可达1米左右，总状花序有花10～30朵，苞片矩圆状披针形，长1～2厘米，白色，膜质；花紫色或紫红色，花被管向上成漏斗状，花被裂片6枚，长椭圆形，长1.5～1.8厘米，宽约1厘米；雄蕊与花被管离生，伸出花被管外。果为蒴果，圆柱形，长2～4.5厘米，直径6～7厘米，顶端具细尖；种子黑色。花期6—7月，果期7—9月。

【生长环境】武夷山洋庄、大安等地林下、山坡、路旁、草丛中。亦有栽培，供观赏。

【采集加工】全草全年可采，根茎鲜用或晒干，叶通常鲜用。

【性味功能】甘、辛、寒，根有小毒，止血，止痛，解毒。

【用法用量】牛、马60～90克，猪、羊15～30克，水煎喂服。

【主治应用】内服可治胃痛、跌打损伤，外用可治虫蛇咬伤、痈肿疔疮等。

### 蜘蛛抱蛋（蜘蛛抱蛋属）*Aspidistra elatior Blume*

别　名：大叶豆叶草（武夷山民间）、土里开花、大叶万年青、竹叶盘、竹节伸筋

药材名：蜘蛛抱蛋

【药用部位】干燥根、茎。

【形态特征】多年生草本。根状茎横生，具节和鳞片生多数须根。叶基生，单一，披针形或椭圆状披针形，长17～47厘米，宽2.5～10厘米，先端渐尖，基渐狭，全缘，具多条平行脉，中央主脉较明显，叶柄长18～31厘米，具成槽。花单出于根状茎，贴近地面，花梗长0.5～2厘米，上具膜质，鳞片1～2枚，苞片2枚，长圆形，膜质；花被肉质，钟状，紫色，8深裂，裂片近三角形，雄蕊4枚，浆果球形，2—7月开花结果。

【生长环境】武夷山景区、星村等地溪谷林荫随处可见，亦有栽培。

【采集加工】药用根、茎，全年可采，鲜用或晒干备用。

【性味功能】甘、温，活血散瘀，补虚止咳。

【用法用量】牛、马60～90克，猪、羊15～30克。

【主治应用】中暑、呕吐、肠胃炎、急性肾炎、咳嗽、关节痛等。

【方例1】急性肾炎，本品、连钱草各30克，水煎服。

【方例2】关节痛，本品30克，十大功劳15克，酒水各半炖服。

## 花榈木（红豆属）*Ormosia henryi* Prain

别　名：三钱三、青竹蛇、牛屎樵

药材名：花梨木

【药用部位】以根、根皮、茎及叶。

【形态特征】小乔木，幼枝、叶轴、花序轴、花萼密被黄色茸毛。奇数羽状复叶互生；小叶5～9枚，长圆形，边缘干时皱波状，叶背被灰黄色绒毛。圆锥花序或总状花序腋生或顶生；萼钟状，密生黄绒毛；花冠黄白色，蝶形，旗瓣有柄。荚果扁平，长圆形或近菱形，先端有短喙。种子红色。夏秋开花结果。

【生长环境】武夷山各地山坡溪谷旁杂木林中均有零星生长。

【采集加工】根、叶全年可采，鲜用或晒干备用。

【性味功能】辛、温，有小毒，活血破瘀，祛风消肿。

【用法用量】牛、马30～60克，猪、羊15～30克。

【主治应用】腰肌劳伤，水火烫伤。

## 肉棒 *Podostroma yunna weusis* M. zang

别　名：猫子爪（武夷山民间）

【药用部位】子实体

【形态特征】子座直立，不规则双分叉，橙黄色或土褐色，高8～14厘米，粗5～10毫米，头部棒形，内部乳白色，较坚实，柄圆柱状。

【生长环境】生于混交林内土地上，武夷山各地常见。

【采集加工】采摘后烘干，研末过筛备用。

【性味功能】性温、味甘，止血。

【用法用量】外用：适量，研末撒敷。

【主治应用】治外伤出血。

## 杜虹花（紫珠属）*Callicarpa pedunculata* R. Br.

别　名：紫珠

【药用部位】根、叶

【形态特征】落叶灌木，高1～3米。叶对生，卵状椭圆形，边缘有细锯齿，叶面具粗毛，叶背和花萼具黄色透明腺点，聚伞花序腋生，花萼杯状，花冠短筒状4裂，淡紫色。核果球形，紫色，5—10月开花结果。

【生长环境】武夷山各地山坡林缘灌木丛中均有生长。

【采集加工】根、叶：春至秋采收，鲜用或晒干备用。

【性味功能】性微寒，味苦、涩；止血、散瘀消肿。

【用法用量】牛、马30～60克，猪、羊5～15克，外用适量。

【主治应用】外伤出血及内外各种出血，收敛烫伤，跌打损伤，疮黄肿毒。

【方例】治牛鼻流血：取本品研成细末，放入牛鼻腔内，每次60克，连用3次。

## 竹柏（罗汉松属）*Podocarpus nagi*（*Thunb.*）Zoll. et. Mor.

别　名：罗汉柴、大果竹柏、竹叶柏

【药用部位】叶。

【形态特征】常绿乔木，高达20米，胸径60厘米；幼时树皮平滑，老时暗褐色，裂成薄块状脱落；枝开展或伸展。叶交叉对生，厚革质，卵形或椭圆形，长4～7（萌生枝的叶长达10）厘米，宽1.5～2.5厘米（萌生枝的叶更宽），顶端尖，基部楔形或宽楔形；无明显中脉，但有多数平行细脉；叶片正面深绿色，稍有光泽，背面淡绿色；具短柄。雄球花单生于叶腋，排成具分枝的穗状花序，长约2厘米，总梗粗短，基部具数片三角状苞片；雌球花单生于叶腋，少有成对腋生，基部有数片苞片，花后

苞片与花梗上端不肥大成肉质的种托。种子圆球形，直径12～15毫米，成熟时假种皮紫黑色或暗紫色，被白粉，无肉质种托，种梗长7～13毫米，上部有苞片脱落的痕迹。花期3—4月，果熟期10—11月。

【生长环境】生于武夷山各地林中阴湿或溪边等地。

【采集加工】秋后采收，鲜用或晒干备用。

【性味功能】淡、涩，干；止血接骨。

【用法用量】牛、马60～90克，猪、羊15～30克；外用适量，捣烂敷患处。

【主治应用】外伤出血，骨折。


## 血盆草（鼠尾草属）*Salvia cavaleriei* Levl

别　　名：叶下红、贵州鼠尾

【药用部位】全草。

【形态特征】多年生草本，高20～50厘米，茎基部斜倾或直立，紫红色，具毛。叶对生，多为三出复叶；小叶卵形或卵状长圆形，边缘具圆齿，叶面暗紫色，叶背紫红色。轮伞花序，每轮有3～8朵花，组成间断穗状花序；花萼钟形，暗紫色，二唇形；花冠紫红色，二唇形，雄蕊4枚，伸出花冠外；柱头2裂伸出花冠军外。小坚果4，卵形。5—10月开花结果。

【生长环境】广布各地山野阴湿处。

【采集加工】全草全年可采，鲜用或晒干备用。

【性味功能】微苦、平，清热、止血、利湿。

【用法用量】全草：牛、马60～90克，猪、羊15～30克。外用适量，鲜全草捣烂敷患处。

【主治应用】全草入药，主治吐血，血崩，衄血，刀伤出血，血痢，产后寒等症。叶又可外敷疮毒。

### 鹿蹄草（鹿蹄草属）*Pyrola Rotundifolia* L. ssp. Chinensis H. Andres.

别　名：鹿衔草、鹿含草（武夷山民间）

药材名：鹿蹄草

【药用部位】全株。

【形态特征】多年生常绿草本，高20～30厘米，基生叶4～7片，阔卵形至圆形，边缘向后反卷，叶背呈灰蓝色。花葶有1～2个苞片；总状花序着生于花葶上部，多花，苞片舌形，等长于或稍长于花梗，花大展开。萼片舌形，从基部向上到中部以上两边平行。顶端急尖或圆钝；花瓣白色或稍带粉红色，蒴果扁球形，胞背开裂。种子细小多数。6—8月开花，果期8—9月。

【生长环境】分布于武夷山上梅等地林下阴湿处及山沟两旁，岩石缝中。

【采集加工】全草全年可采，连根挖出，洗净泥土，晒至叶片较软略抽宿时，堆压发热使叶片两面变成紫红色或紫褐色，再晒干。

【性味功能】甘、苦、温，祛风除湿，补肾健脾，活血强筋，止血。

【用法用量】鲜品：牛、马150～240克，猪、羊30～45克，孕畜忌服。

【主治应用】风湿关节痛，肾虚腰痛，跌打损伤，外伤出血，衄血，毒蛇咬伤，劳伤咳嗽，慢性菌痢。

### 牛膝（牛膝属）*Aohyranthes bidentata* Bl.

别　名：怀牛膝、牛夕、牛七

药材名：牛膝

【药用部位】根。

【形态特征】多年生草本，高30～100厘米。茎方形有棱，节膨大如牛的膝盖，节上有对生的分枝。叶对生，椭圆形或椭圆状披针形，两面有柔毛，全缘。穗状花序腋和顶生，花小绿色，花皆下折贴近花梗。果实长圆形，有卵状锐尖苞片，内有种子1枚，黄褐色。须根细长，淡黄白色。花期7—10月。

【生长环境】栽培或野生于武夷山各地山坡林下较肥沃处。

122

【采集加工】根：夏至冬秋采收，鲜用或晒干备用。以立冬至小雪间采收为佳。去净泥土，捆成小把，晒干或趁鲜去茎切片晒干。酒牛膝：取牛膝每段用黄酒喷淋拌匀，牛膝50千克，黄酒5千克闷润后炒至微干，取出放凉。

【性味功能】苦、甘、酸、平，逐瘀通经，补肝肾，强筋骨，利尿通淋，引血下行。

【用法用量】牛、马15～45克；猪、羊5～15克研末开水冲侯温灌服。气虚下陷者及孕畜慎用。

【主治应用】风湿关节痛，腰膝酸痛，产后瘀痛，胎衣不下，咽喉肿痛，尿血，跌打损伤，痛肿。

【方例1】牛风湿性关节炎：本品60克、野牡丹90克、木防杞、南蛇藤各60克，水煎喂服。

【方例2】牛胎衣滞留：本品、原刺各60克，水煎加米酒500毫升，热童尿1碗为引喂服。

## 柳叶牛膝（牛膝属）*Achyranthes longifolia* Makino

别　　名：红牛膝（武夷山民间）、山牛膝

药材名：土牛膝

【药用部位】根。

【形态特征】多年生草本。全株疏生毛。根数条丛生，肉质，红色。茎近方形，绿色或红色。叶对生，披针形或狭长圆形，先端狭长渐尖，基楔形，全缘，叶背紫红色，穗状总序顶生，花序梗有长毛，花后伸长；花小，开放后下折，花被片，雄蕊均5，退化雄蕊方形，顶端有不明显的牙齿，9—10月开花。

【生长环境】武夷山各地较高的山地林下阴湿处可见。

【采集加工】根：全年可采，鲜用或晒干备用。

【性味功能】苦、辛、微寒，药效

和牛膝略同。

【用法用量】牛、马45～60克；猪、羊15～30克研末开水冲侯温灌服。气虚下陷者及孕畜慎用。

【主治应用】风湿关节痛，扭伤，跌打损伤，荨麻疹。

## 地榆（地榆属）*Sanguisorba officinalis* L.

别　名：山红枣（武夷山民间）

药材名：山红枣

【药用部位】根。

【形态特征】多年生草本，根粗壮，外表暗棕色，茎有棱，单数羽状复叶互生，小叶5～11片，长圆形，先端尖，基部浅心形或近截形，边缘具圆锐齿；基生叶有长柄，茎生叶几无柄，圆柱形，总花梗细长，苞片膜质，条状披针形，具长毛；花萼4裂红色；花冠缺，雄蕊4枚。瘦果圆球形，褐色，有纵棱和细毛，包存于四角萼筒内。8—9月开花。

【生长环境】武夷山城关、武夷、吴屯等地山坡草地上多有分布。

【采集加工】根（地榆）：全年可挖，鲜用或晒干备用。黑地榆：地榆切片，文火炒至焦黑色，喷洒少许清水、放凉。

【性味功能】酸、涩、苦、微寒，凉血止血，收敛解毒。

【用法用量】牛、马15～45克，猪、羊5～15克，研末开水冲或煎汤灌服。外用适量研末调敷烧伤及溃疡出血多用生地榆研细末调麻油敷。

【主治应用】用于肠黄血痢，产后血热，子宫出血，尿血，便血，衄及各种出血，烧伤、溃疡出血。

【方例1】地榆散（普济方）：地榆、当归、阿胶、黄连、木香、乌梅、诃子肉，治便血，日久不愈或下血水，营血大伤。偏血虚兼湿热者。

【方例2】汤火散（中华人民共和国药典）：地榆炭、黄柏、大黄、寒水石，生石膏，麻油调敷，治烫火伤。

【方例3】治疗肠风下血，血痢，尿血，崩漏，痔疮，出血，白带。煎服：9～15克，生用或炒炭。

【方例4】治烧伤，研粉，麻油调敷；湿疹，煎水纱布沾药液湿敷。

## 大血藤（大血藤属）*Sargentodoxa Cuneata*（oliv.）Rehd. et wils

别　　名：红藤、大活血，黄省藤（武夷山民间）

药材名：大血藤

【药用部位】根及茎。

【形态特征】落叶木质藤本。茎圆柱形，外皮褐色，常扭曲，有细纵纹，砍断时断面木质部浅黄色，具棕色菊花状的射线。叶为三出复叶，中央小叶椭圆形，有短柄，侧生小叶斜卵形，基偏斜，几无柄。总状花序下垂，花黄绿色；雌雄异株，萼片花瓣均为6片。浆果卵形，暗青色，肉质，有柄。种子卵形，黑色，有光泽，4—6月开花，7—9月果熟。

【生长环境】零星分布于武夷山各地山野灌丛中或攀缘在杂木、岩石上。

【采集加工】根、茎：夏秋采收，鲜用或晒干备用。

【性味功能】苦、涩、凉。活血祛瘀，通经活洛，祛风除湿。

【用法用量】牛、马60～120克；猪、羊30～60克，水煎喂服。

【主治应用】风湿筋骨痛，麻木拘挛及寒瘫，跌打损伤、骨折、乳痈、烧伤、蛔虫、钩虫引起的虫积腹痛、肺脓疡。

【方例1】牛、马寒瘫：大血藤、五加皮、威灵仙、土牛膝各30～60克水煎喂服。

【方例2】猪、牛跌打损伤：大血藤、接骨木、南岭荛花根各30～60克。牛一次服，猪分2～3次喂服。

# ·化痰止咳平喘药

### 北京铁角蕨（铁角蕨属）*Asplenium pekiiense* Hance

【药用部位】全草。

【形态特征】植株高10～20厘米。根状茎短，直立，顶部密被锈褐色鳞毛和黑褐色、狭长披针形鳞片。叶簇生；叶柄长2～5厘米，淡绿色，被线形小鳞片，下部较密；叶片披针形，长6～15厘米，宽2～3厘米，顶端渐尖并为羽裂，基部略缩短，二回羽状或三回羽裂；羽片8～10对，互生，三角状长圆形，中部的较长，长1.5～3厘米，宽0.6～1.3厘米，下部的多少缩短或几不缩短；末回裂片椭圆形或短舌形，顶端有2～3个尖齿；叶脉羽状，侧脉二叉，直达齿尖；叶近纸质，羽轴和叶轴两侧都有狭翅。孢子囊群线形或长圆珠笔形，着生于小脉中部以上，每小羽片有2～4个，成熟时往往满布叶下面，囊群盖长圆形，膜质，全缘。

【生长环境】生长于武夷山各地山谷溪边阴湿处。

【采集加工】全草全年可采，鲜用或晒干备用。

【性味功能】甘、微辛、温；化痰止咳，止血化瘀。

【用法用量】马45～90克，猪羊15～30克，水煎灌服。

【主治应用】主治咳嗽气喘。


### 阴地蕨（阴地蕨属）*Scepteridium ternatum*

别　名：蛇不见、小春花

药材名：阴地蕨

【药用部位】根。

【形态特征】多年生草本，高10～20厘米，根状茎短，生有一簇肉质粗根。叶二形，通常单生；营养叶广三角形，三回羽状分裂，羽片互生，最下一对最大阔三角形，具柄。末回羽片卵形或菱状卵形，边缘具不整齐的细尖齿；孢子叶自营养叶的叶柄基部生出，具长柄，远高于营养叶，孢子囊穗土黄色，2～3回羽状，集成圆锥形，孢子囊群圆形。11月至翌年1月生孢子。

【生长环境】生于荒山草坡灌木丛中，武夷山市有零星分布。

【采集加工】秋末至翌年春采收，连根挖取，鲜用或晒干备用。

【性味功能】微苦、凉。清热平肝，止咳化痰。

【用法用量】牛、马20～80克，猪、羊15～30克，煎汤灌服，外用适量。

【主治应用】肺热咳嗽，咳血，尿血，癫狂，毒蛇咬伤。

## 粉背蕨（粉背蕨属）*Aleuritopteris pseudofarinosa* Ching et S. K. Wu

别　　名：铁脚凤尾草、鸡脚草、水郎鸡

药材名：粉背蕨

【药用部位】全草。

【形态特征】植株高15～30厘米。根茎短，斜升。叶柄丛生，长10～30厘米，有光泽，与中轴同为褐栗色，下部疏被披针形的鳞片。叶亚革质，三角状长圆形或三角状椭圆形，长5～30厘米，宽4～15厘米，3回羽状分裂，羽片对生，无柄，最下羽片最大，其基部下向羽片伸长，更作深裂，先端渐尖，叶背面被白粉。孢子囊群盖棕色，膜质，圆形，连续或汇合。孢子球状四面形，黑色或深色，有疣状突起。

【生长环境】生于石隙。武夷山市武夷镇及景区等地岩缝、岩壁下常见。

【采集加工】秋后采收，洗净，晒干。

【性味功能】性温，味淡微湿，无毒。

【用法用量】内服，煎汤，25～50克。

【主治应用】祛痰止咳，利湿和瘀。治百日咳，喉风，痢疾，泄泻，月经不调，跌打损伤。

【方例】赤痢：粉背蕨50克。煎水，加白糖搅和服。

## 银杏（银杏属）*Ginkgo biloba* Linn.

别　　名：白果（通称）、公孙树、鸭掌树（武夷山民间）

药材名：银杏

【药用部位】叶、果实。

【形态特征】落叶大乔木。叶在长枝上散生，在短枝上簇生，扇形，上缘波状或中央浅裂基部阔楔形，叶脉细，2叉状分枝。花单性，雌雄异株；雄花呈短荑荑花序，雌花2～3个聚生于短枝上。种子核果状，球形或椭圆形，淡黄色；中秋皮骨质，白色，卵圆形，具2棱；胚乳丰富，春季开花，秋季果熟。

【生长环境】武夷山市各地有零星或成片栽培。

【采集加工】叶：夏季采收，鲜用或晒干；白果：秋季成熟时采下，搓去果皮及果肉，或将种子入沸水中稍煮或稍蒸后晒干或烘干。

【性味功能】微甘、苦、平，有小毒。敛肺定喘，涩精止滞。

【用法用量】牛、马24～60克，猪羊6～12克，煎汤灌服。

【主治应用】劳伤或久病肺虚引起的喘咳，脾虚小便频数。

【方例】马过力伤肺阴虚作喘："三仁五子汤"：白果仁、杏仁、瓜蒌仁、莱菔子、五味子、牛蒡子（或枸杞子）、苏子、葶苈子、加百合、玄参、麦冬、沙参等滋阴药。

## 马兜铃（马兜铃属）*Aristolochia debilis* Sieb. et Zucc.

别　　名：天仙藤、青木香（武夷山民间）

药材名：马兜铃

【药用部位】藤茎。

【形态特征】多年生草质藤本，全株无毛。根圆柱形，外皮黄褐色，有辛辣香味，茎有细纵棱、缠绕状、长60～150厘米；叶互生，三角状长圆形或卵状披针形，长3～7厘米，宽1.5～4.5厘米，顶端钝而具短尖，基部心形，两侧耳垂状，离叶基1/3多少内隘；上面绿色，下面略带灰白色；基生脉5～6条。花单生于叶腋，喇叭状，花梗长约3.5厘米；花被上部暗紫色，下部带绿色。蒴果近球形或长圆形，长约3.5厘米，熟时黄绿色6裂、裂达果柄。种扁，三角形，边膜有膜翅。9—10月开花，结果。

【生长环境】生于武夷山各地山坡向阳地或路边的灌丛中。

【采集加工】根（青木香）秋后冬初采挖，叶、茎藤夏秋采收，果实9—

10月由绿变黄时采收，切片鲜用或晒干备用。蜜马兜铃：本鲜品50千克，加练蜜17.5～20千克，开水少许拌匀，稍闷，用文火炒至不粘手为度，取出放凉。

【性味功能】根（青木香）：辛、苦、寒；行气止痛，解毒消肿。藤、茎（天仙藤）：苦、平，行气活血，消肿止痛；叶：苦、平，解毒消肿。果（马兜铃）：苦、寒、清热化痰，止咳降气。

【用法用量】牛、马25～60克，猪、羊5～15克。

【主治应用】青木香治胸膜胀满，牛瘤胃胀气，气滞不化，中暑发痧，疮黄肿毒，毒蛇咬伤，跌打损伤，风湿痹痛，咽喉肿痛；天仙藤治风湿痹痛，妊娠水肿，胸腹痛；马兜铃：治肺热咳喘，肠热便血。

【方例1】加味承气汤：治各种结症，芒硝180～240克，大黄60克，青木香15克，醋香附30克，枳实30克，厚朴15克，酒曲60～180克，麻仁120克，木通15克；枳实、厚朴、麻仁、香附、木通煎沸20分钟后加大黄、青木香再煎10分钟，候温去渣，加酒曲、芒硝一次灌服（治225例：其中马139、骡83、驴3，治愈率达96.88%，中国农业科学院兰州畜牧与兽医研究所）。

【方例2】耕牛中暑发痧：青木香、香薷草、大青叶各30～60克煎水服。

【方例3】牛腹痛：青木香、陈皮、大蒜各60克水煎服汁，豆豉60克泡汁一碗，混合喂服。

【方例4】猪水肿：青木香，车前草各60克，共研细末分为8包，每次服一包，每日2次。

## 白花前胡（前胡属）*Peucedanum praeruptorum* Dunn.

别　　名：前胡、鸡脚前胡、山独活等

药材名：前胡

【药用部位】根。

【形态特征】多年生草本，高达90厘米，基生叶有长柄，圆形至阔卵形或三角状卵形，长5～9厘米，2～3回三出式羽状分裂，最终裂片棱状倒卵形，不规则羽状分裂，有圆锯齿，叶柄长6～20厘米，基部有宽鞘；基生于2回状分裂，裂片较小；复伞形花序；花白色。双悬果椭圆或卵形，背棱和中棱线状，侧棱有窄翅。花期8—9月，果期10—11月。

【生长环境】分布于武夷山洋庄等地山坡林边阴湿地或溪谷边。

【采集加工】根春、秋采挖，以晚秋采挖质量较好，挖取主根，除去茎、叶、须根晒干备用。炮制：去芦、水浸后闷透，以中心部较软化为度，切片晒干。蜜前胡：取前胡片，用炼熟的蜂蜜和适量开水拌匀，稍闷，置锅内炒至不粘手为度，取出放凉。

【性味功能】苦、辛、微寒，降气祛痰，宣散风热。

【用法用量】牛、马30～45克，猪、羊6～12克。煎汤灌服。

【主治应用】外感风热咳嗽痰多，咳喘等。

【方例1】马肺热咳嗽：前胡、黄芩、浙贝母、桔梗、天花粉、桑白皮、款冬花、杏仁。

【方例2】牛马外感风寒挟湿证：荆芥40克，防风40克，柴胡40克，前胡30克，羌活30克，独活30克，川芎30克，桔梗30克，茯苓30克，枳壳25克，甘草20克，生姜20克，煎水滤液候温灌服。

【方例3】犬咳嗽、流涕、鼻塞：前胡10克，薄荷10克，白芷10克，杏仁10克，桔梗10克，金银花15克，连翘15克，紫菀15克，百部15克，每日1剂，煎水灌服。

## 前胡（前胡属）*Peucedanum praeruptorum* Dunn（miq.）Maxim

别　　名：紫花前胡、山当归（武夷山民间）

药材名：前胡

【药用部位】根茎。

【形态特征】多年生草本，高0.8～2米，根粗壮纺纺锤形或有分枝，茎单生，有纵菱，基生叶或茎下部的叶三角状宽卵形，长10～28厘米，1～2回羽状全裂，一回裂片3～5片，通常再3～5裂，叶轴具翅，最后裂片长卵形或长圆形，边有锯齿，叶柄长10～20厘米，茎上部逐渐变小，最上的叶成宽阔，紫色的叶鞘。复伞形花序顶生，伞幅10～20，萼齿5，三角形，花5瓣紫色，双悬果卵圆形，扁平，7—11月开花结果。

【生长环境】武夷山茶劳山、桐木等山坡、林下阴湿地可见。

【采集加工】根：秋冬采收，除去须根；茎叶：全年可采晒干备用。泡制去芦水浸后闷透，以中心部软化为度，切片晒干；密前胡：取片用炼熟蜂蜜和适量开水拌匀，稍闷置锅内炒至不粘手为度，取出放凉。

【性味功能】辛、微苦、凉。入肺经，疏风清肺，降气化痰。

【用法用量】牛、马15～45克，猪、羊6～12克。

【主治应用】用于外感风热所致的咳嗽初期，喉中痰多等症与薄荷、牛蒡子、桑白皮同用；肺热痰多之咳喘可与桑白皮、杏仁、贝母等药同用。本品性寒而烈，风寒咳嗽也可与辛温宣散的紫苏、桔梗、款冬花等配伍。

## 曼陀罗（曼陀罗属）*Daturastramonium* L.

别　　名：疯茄花、醉仙桃、洋金花、闹羊花

药材名：曼陀罗

【药用部位】花。

【形态特征】一年生草本，高约1米，有臭气，叶宽卵形，顶端渐尖，基部不对称楔形，叶缘有不规则波片裂，裂叶三角形，有时有疏齿，脉上有疏短柔毛，花草生于枝分叉处或叶腋，直立，花萼筒状，花冠漏斗状，下部淡绿色，上部白色或紫色，蒴果卵形，有坚硬的针刺，熟后瓣4裂，种子多数，黑色或淡褐色。

【生长环境】武夷山市有零星种植或野生。

【采集加工】花初开放时采，晒干或阴干或微火焙干，叶7—8月采收，晒干或烘干，根秋末采挖，洗净，切片晒干备用。

【性味功能】辛、温，有毒。止咳平喘，止咳拨脓。

【用法用量】牛、马6～15克，猪、羊0.6～1克，由于本品有剧毒，用时宜慎。

【主治应用】痉挛性咳嗽，慢性支气管炎，风湿关节痛，跌打损伤，疝痛，脱肛，蜂窝组织炎。

## 百部（百部属）*Stemoua japonica*

别　名：蔓生百部、九节萝卜

药材名：百部

【药用部位】根。

【形态特征】攀援多年生草本，全株平滑无毛，根茎短，具有纺锤形的肉质根，丛生，茎下部直立，上部常攀缘它物上。叶3～4片轮生，如花开于叶上，花两性，花被4片，淡绿色。蒴果广卵圆形而扁，暗赤色，种子深紫褐色。花期5月，果期7月。

【生长环境】武夷山各地山坡林下灌木丛中均有生长。

【采集加工】药用块根，春季萌芽前或秋季枯萎后挖取洗净，用开水浸烫，以刚烫透为准，抽出木心，晒干备用。

【性味功能】甘、苦、微温，有小毒。入肺经，燥湿杀虫，清肺止咳。

【用法用量】牛、马60～75克，猪、羊15～30克，本品质润，脾便溏者勿用。

【主治应用】（1）润肺止咳：用于新、久咳嗽，以久咳虚劳咳嗽为多用。本品质润多液，性偏微温，有温润肺气的作用，多与紫苑、款冬花等同用，若配以养阴润肺药如阿胶、麦冬、生地等并治肺痨咳嗽。（2）驱虫灭虱：本品2%的醇溶液或50%的水煎液外用，对人畜的各种虱卵均具有效。

【方例1】家畜咳嗽：百部60克，如外感咳嗽加麻黄24克，杏仁30克，甘草15克；如内伤虚咳加棉花根12克煎水，大家畜1次喂服。

【方例2】牛浑睛虫：百部、苦练皮各30克，煎水取汁洗患睛眼，日2～3次，连用3天。

【方例3】家畜疥癣：百部1份捣烂研末，加食油5份共煎汤涂擦患处。

【方例4】羊鼻蝇蛆：百部水煎浓汁滴入病羊鼻腔。

## 大百部（百部属）*Stemona tuberosa* Lour.

别　名：对叶百部

药材名：大百部

【药用部位】根。

【形态特征】多年生缠绕草本，全株无毛，下部木质化，块根肉质，纺锤形或圆柱形，成囊。叶对生或轮生，偶兼有互生，卵状披针形，长6～30厘米，宽2~17厘米，顶端渐尖或尾状渐尖，基部心形，全缘或微波状；基出主脉7~13条，横脉细密而平行；叶柄长3~10厘米。花序腋生，单花或2~3朵排列成总状；总花梗长2~6厘米；花药条形，直立，顶端具附属物；药隔延伸为长钻状或披针形的附属物。蒴果倒卵形，长4~5厘米，种子5至多数，顶端具短喙。花期5—6月。

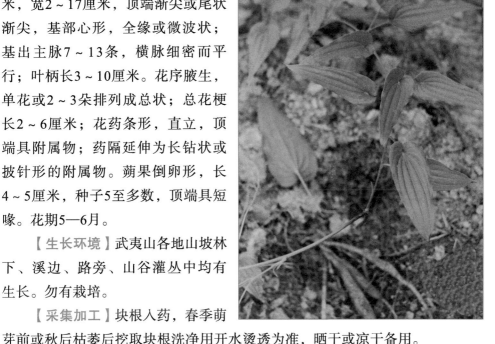

【生长环境】武夷山各地山坡林下、溪边、路旁、山谷灌丛中均有生长。勿有栽培。

【采集加工】块根入药，春季萌芽前或秋后枯萎后挖取块根洗净用开水烫透为准，晒干或凉干备用。

【性味功能】甘、苦、微温，有小毒。入肺经，块根：燥湿杀虫，清肺止咳。

【用法用量】牛、马40~75克，猪、羊15~30克。

【主治应用】主治疥癣、虱螨、咳喘等。

## 一把伞南星（天南星属）*Arisaema erubescens*（Wall.）Schott

别　　名：天南星、蛇包谷、虎掌南星

药材名：天南星

【药用部位】根茎。

【形态特征】多年生草本。高40~90厘米，块茎扁球形，叶皮黄褐色，直径2.5~5.5厘米，叶根生单一，辐射状全裂成小叶片状，裂片7~23，椭圆状倒披针形至长披针形，叶柄肉质，直立如茎状，下部成鞘，基部包有膜质鞘。雌雄异株，棒状肉穗花序，自叶柄间抽出，外包有一个绿色而微带紫色的佛焰苞。果实为鲜红色浆果。4—8月开花结果。

【生长环境】武夷山市茶劳山等地山沟两旁的阴湿的地方多有生长。

【采集加工】白露前后采挖，除去茎叶及须根，撞去外皮晒干备用。

（1）制南星：将生南星置缸内加水浸泡，每日换水。如起白沫，加白矾（每百千克加白矾2千克）泡至口赏无麻辣味或微有麻辣时取出，每百千克南星用生姜25千克，白矾12.5千克，甘草10千克，层层均匀铺于密器内，然后缓缓倒入甘草水至淹没为度，5天后，捞出置蒸器内，蒸至无白心，取出去姜片，晒至七成干，切片，晒干。（2）胆南星：将天南星磨粉置缸中，加牛胆汁拌匀，浸没为度，日晒夜露，干燥时再加胆汁，如此3～4次，色转褐，再放入牛胆中阴干，切片即成，以陈者为佳。

【性味功能】苦、辛、温，大毒。入肺、肝、脾经。走窜力强，燥湿化痰，祛风解痉，散结消肿。

胆南星（胆星）：味苦微寒，清化热痰，熄风定惊，治热痰多与瓜蒌、贝母同用；治惊搐多配竹黄，钩藤。

【用法用量】制南星：牛、马10～30克，猪、羊3～9克研末开水冲候温灌服或煎汤灌服。外用适量，捣烂外敷或磨醋涂患处。由于南星温燥有毒，阴虚者肺燥热痰及孕畜忌用。生南星：有毒而力峻，多作外用。

【主治应用】（1）用于湿痰，风痰咳嗽，气喘及胸膈胀闷，胃纳不佳等症，常与半夏、桑白皮、桔梗同用。（2）用于风痰阻于经络所致的口眼歪与半夏、白附子、川乌等同用。治破伤风配白僵蚕、全蝎、蜈蚣等。（3）治疮黄肿毒：对蛇伤有消肿解毒之力。

【方例1】破伤风：千金散《元享疗马集》，天麻、南星、乌蛇、全褐僵、蔓荆子、羌活、独活、防风、细辛、升麻、蝉蜕、藿香、阿胶、何首乌、旋复花、川芎、沙参，桑螵蛸。

【方例2】加减玉真散：天南星、防风、羌活、白芷、白附子、细辛各250克，制成注射液，每日1次，100～200毫升，加入10 000毫升葡萄糖生理盐水中，连用1～3次，个别病例可配合硫酸镁、氯丙嗪、青霉素，治愈率

64.25%，（宁夏回族自治区治马、骡破伤风）。

【方例3】皮肤化脓性感染：食醋600毫升，煎至200毫升，加入300克天南星粉调成糊状，疖肿部位消毒后敷南星醋膏适量，每日换药1次，有效率达98.3%。

【方例4】颈淋巴结核溃烂：本品块茎炒黄研末，调油涂患处。

## 东北天南星（天南星属）*Arisacma amurcnsc* Maxim

别　名：天南星、药狗母

药材名：天南星

【药用部位】根茎。

【形态特征】多年生草本，高达50~60厘米，叶鸟趾状全裂，裂片五枚，形状变化大，全缘。肉穗花序低天叶，佛焰包绿色或带紫色，管部漏斗状，浆果鲜红色，块茎近球形。

【生长环境】生于武夷山茶劳山等山野阴坡处。

【采集加工】块茎白露后挖取，泡制加工方法与天南星同。注意：勿用手剥皮，以防中毒。

【性味功能】苦、辛、温，大毒。入肺、肝、脾经。走窜力强，燥湿化痰，祛风解痉，散结消肿。

【用法用量】制南星：牛、马10~30克，猪、羊3~9克研末开水冲候温灌服或煎汤灌服。外用适量，捣烂外敷或磨醋涂患处。由于南星温燥有毒，阴虚者肺燥热痰及孕畜忌用。生南星：有毒而力峻，多作外用。

【主治应用】（1）用于湿痰，风痰咳嗽，气喘及胸膈胀闷，胃纳不佳等症，常与半夏、桑白皮、桔梗同用。（2）用于风痰阻于经络所致的口眼歪与半夏、白附子、川乌等同用。治破伤风配白僵蚕、全蝎、蜈蚣等。（3）治疮黄肿毒：对蛇伤有消肿解毒之力。

## 花南星（天南星属）*Arisaema lobatum* Engl.

别　　名：蛇芋头、大麦冬，狼毒、蛇磨芋

药材名：花南星

【药用部位】根茎。

【形态特征】块茎近球形，直径1~4厘米，鳞叶膜质，线状披针形，最上的长12~15厘米。植株有叶1~2片，叶片3全裂，中裂片椭圆形至长圆状卵形，长8~23厘米，宽6~12厘米，顶端渐尖，基部圆钝，全缘；小叶柄长2~5厘米；侧裂片斜卵形，长6~22厘米，宽5~10厘米，顶端渐尖，基部两侧不等，内侧狭楔形，外侧耳状近圆形，全缘或波状；无小叶柄；叶柄长17~35厘米，下部1/3~2/3具鞘，黄绿色具紫色斑块。花序柄与叶柄近等长或较短；佛焰苞外面淡紫色；肉穗花序单性，雄花序长1.5~2.5厘米，花疏，雌花序长1~2厘米，附属器棒状增粗，长4~5厘米，直立，顶端钝圆，基部截形，具长6毫米的细柄；雄花花药2~3室，顶孔纵裂，雌花柱头无柄。浆果有种子3个。

【生长环境】产于武夷山，生于各地密林下。

【采集加工】块茎白露后挖取，泡制加工方法与天南星同。注意：勿用手剥皮，以防中毒。

【性味功能】苦、辛、温，大毒。入肺、肝、脾经。走窜力强，燥湿化痰，祛风解痉，散结消肿。

【用法用量】制南星：牛、马10~30克，猪、羊3~9克研末开水冲候温灌服或煎汤灌服。外用适量，捣烂外敷或磨醋涂患处。因南星温燥有毒，阴虚者肺燥热痰及孕畜忌用。生南星：有毒而力峻，多作外用。

【主治应用】（1）用于湿痰，风痰咳嗽，气喘及胸膈胀闷，胃纳不佳等症，常与半夏、桑白皮、桔梗同用。（2）用于风痰阻于经络所致的口眼歪与半夏、白附子、川乌等同用。治破伤风配白僵蚕、全蝎、蜈蚣等。（3）治疮黄肿毒：对蛇伤有消肿解毒之力。

## 全缘灯台莲（天南星属）*Arisaema sikokianum Franch. et Sav*

别　名：蛇根头、蛇包谷、老蛇包谷

药材名：全缘灯台莲

【药用部位】块茎。

【形态特征】块茎扁球形，直径2～3厘米，鳞叶2片，膜质。植株有叶2片，叶片鸟足状5裂，裂片卵状长圆形至椭圆状披针形，全缘，中裂片长13～18厘米，宽9～12厘米，顶端短尖，基部阔楔形，具1～4厘米的柄，侧裂片与中裂片相距（柄）1～4厘米，形状、大小与中裂片相似，外侧裂片较小，基部不等侧，内侧楔形，外侧圆形或耳状；叶柄长20～30厘米，下面1/2的鞘筒状，鞘筒上缘几截平。花序柄几与叶柄等长；佛焰苞淡绿至淡紫色，有紫色条纹，管部漏斗状，长4～6厘米，喉部边缘近截形，无耳，檐部卵状至长圆状披针形，长6～10厘米，下弯；肉穗花序单性，雄花序圆柱形，长2～3厘米，花较密，附属器直立，粗壮，具细柄，上部棒状增粗或近球形。果序长5～6厘米，浆果黄色；种子1～2个或3个。

【生长环境】产于武夷山，生于各地密林下。

【采集加工】块茎白露后挖取，泡制加工方法与天南星同。注意：勿用手剥皮，以防中毒。

【性味功能】苦、辛、温，大毒。入肺、肝、脾经。走窜力强，燥湿化痰，祛风解痉，散结消肿。

【用法用量】制南星：牛、马10～30克；猪、羊3～9克研末开水冲候温灌服或煎汤灌服。外用适量，捣烂外敷或磨醋涂患处。

【主治应用】用于湿痰，风痰咳嗽，气喘及胸膈胀闷，胃纳不佳等症，常与半夏、桑白皮、桔梗同用。

## 紫苏（紫苏属）*Perilla frntescens（L.）Britt.*

别　名：皱紫苏、鸡苏（武夷山民间）

药材名：紫苏叶，名紫苏；茎，名苏梗；种子，名苏子

【药用部位】叶，茎，种子。

【形态特征】一年生直立草本，茎高0.3～2米，钝四棱形，绿色或紫色，全草常被短柔毛，叶皱曲，全部深紫色，其主要特征为边缘繸状（流苏状）或条裂状，形如鸡冠，武夷山市民称之为"鸡苏"；花果期8—12月。

【生长环境】武夷山农村多有栽培或野生于村庄路旁。

【采集加工】花序将长出时，割下全株挂通风处阴干。紫苏子：果实成熟时，割取全草或果穗阴干，打落种子，除去杂质入药。

【性味功能】紫苏：辛、温，发表散寒，理气合营。苏梗：辛、甘，微温，理气舒郁，止痛安胎。苏子：降气，平喘。

【用法用量】牛、马15～60克，猪、羊5～15克。苏子用量减半。

【主治应用】紫苏主治风寒感冒、咳嗽气喘。苏子主治咳逆上气，痰多喘急。

【方例1】牛流行性感冒：紫苏60克，连翘50克，金银花50克，防风40克，荆芥40克，羌活40克，桔梗40克，前胡40克，桑白皮40克，薄荷30克，甘草30克，煎汤灌服。

【方例2】马肺病鼻湿，喘粗毛焦，胸膊痛病：紫苏、苦葶苈、茯苓、甘草、贝母、防风、当归、桔梗、木通、牵牛。碾为细末，生姜为引，同煎取汁，候温灌之。

【方例3】家畜气逆喘咳：苏子、半夏、前胡、厚朴、陈皮、当归、肉桂、炙甘草、生姜，煎水灌服。

## 大花石上莲（马铃苣苔属）*Oreocharis maximowiczii* Clarke

别　名：福建苦苣苔，岩芥菜（武夷山民间）

药材名：大花石上莲

【药用部位】全草。

【形态特征】多年生草本，根茎短，须根多，叶全为基生，长圆形，叶缘具大小不甚规则的浅齿，叶面密生短柔毛，叶背密黄锈色柔毛，叶脉于叶背突起，叶柄1～5厘米，被毛，花葶数条，连同花柄，花萼被毛，花萼近5全裂，花冠紫红色，近钟形，5片裂，蒴果条形，4—6月开花结果。

【生长环境】广布于武夷山小武夷景区等各地阴湿的岩石上。

【采集加工】全草全年可采，鲜用或晒干备用。

【性味功能】甘、平，清肺止咳，散瘀止血。

【用法用量】牛、马60～120克、猪、羊15～30克。

【主治应用】咳嗽、水肿、白血、乳腺炎，跌打损伤。

## 云实（云实属）*Caesalpinia Sepiaria* Roxb.

别　名：鸟不踏、天豆、朝天子、药王子

药材名：云实

【药用部位】种子。

【形态特征】落叶攀缘状灌木，枝及叶轴具倒钩刺。二回双数羽状复叶；羽片3～10对，对生，有柄，每羽具小叶12～24枚；小叶对生，膜质，长圆形，微缺，基部圆形，稍偏斜。总状花序顶生；花萼筒短，裂片膜质，花冠假蝶形，黄色，花瓣5。荚果长圆形，扁平，木质，先端圆有喙。种子6～9枚，4—10月开花结果。

【生长环境】武夷山各地山坡、岩旁灌木丛中常见。

【采集加工】根、茎、叶夏秋采收，果熟时采，均鲜用或晒干备用。

【性味功能】根、茎：微苦、温。疏肝行气，祛风除湿；叶：苦辛、平；消肿散结；种子：辛、温，有毒，解毒除湿，止咳化痰，杀虫。

【用法用量】牛、马90～180克，猪、羊15～30克。

【主治应用】根、茎：治肝炎，风湿关节痛，跌打损伤，乳腺炎，疖；叶：治乳腺炎，脓肿；种子：治痢疾，治慢性气管炎，驱虫。

【方例1】牛、马关节炎：云实根、五加皮、威灵仙、土牛膝、虎杖根、八角枫、常春藤、淫羊藿、独活各90～180克，水煎、黄酒250毫升冲服。

【方例2】慢性气管炎：云石子30克，水煎2次服用。或研成粗粉，水煎3次，浓缩成膏状，冲服，连用10～20天。

## 桂花（木樨属）*Ocmanthus fragrans*（Thunb.）Lour.

别　　名：木樨（武夷山民间）

药材名：桂花

【药用部位】花、果实、根。

【形态特征】常绿灌木或小乔木，高可达10米，叶对生，革质，椭圆形或椭圆状披针形，全缘或上部疏生细锯齿，花极芳香，簇生于叶腋，花植细弱，花萼4裂，花冠淡黄色，几4全裂，核果长卵形，熟时蓝黑色，4—10月开花。

【生长环境】野生于武夷山洋庄、吴屯等各地杂林中，各庭院、路边亦有种植。

【采集加工】花秋季采摘；果冬季采摘；根全年可采，鲜用或晒干备用。

【性味功能】花：辛温，散寒破结，温肺化饮；果：辛、甘、温，暖胃，平肝，散寒；根：辛、温、甘、微涩、平，祛风湿、散寒。

【用法用量】花：牛、马15～30克，猪、羊1.5～3.5克；鲜根：牛、马120～180克，猪、羊50～100克。

【主治应用】花：治痰饮喘咳，肠风血痢疝瘕，牙痛口臭；根：治跌打损伤，食积胃胀，造精；根二层皮：治腰扭伤；桂花露：明目疏肝。

【方例1】人或动物劳役过度：本品根、胡秃子根、虎杖根各250克，捣烂加水浸泡1天，去渣内服（武夷山民间）。

【方例2】腰扭伤，本品根二层皮6克水煎、冲黄酒酌量服。

镇惊安神与开窍药·

## 钩藤（钩藤属）*Ramulus Uncariae cum Uncis*（Miq.）Jacks.

别　名：双钩藤（武夷山民间）

药材名：钩藤

【药用部位】带钩茎枝。

【形态特征】常绿藤本，全株无毛；根淡黄色，变态枝钩状，生于每节的叶腋内，向下而内弯，先端尖，叶对生，卵状椭圆形或椭圆形，全缘，叶面浓绿而光滑，托叶二深裂，裂片钻形，头状花序顶生或腋生，花萼5裂，花黄色管状，5裂；蒴果倒圆锥形，有毛，6—11月开花结果。

【生长环境】生于各地山谷、林下阴湿地，武夷山洋庄水槽等处山谷林下可见。

【采集加工】根四季可采，鲜用或晒干备用。变态枝（钩藤）：变淡黄色时，采收钩平头剪下，除去枝梗晒干或使其色泽油润光泽，置蒸笼内蒸过晒干；叶全年可采，鲜用。

【性味功能】苦、寒。清热熄风，平肝镇惊。

【用法用量】牛、马15～60克，猪、羊6～15克。

【主治应用】根：治风湿关节痛，骨折；钩藤：治神昏颠狂，幼畜惊风，痉挛抽搐，目赤肿痛，烦热不安；叶：治脉管炎。

【方例】母猪白痢：取干叶粉制成添加剂或煎剂灌服，每千克体重2克，第1日2次，第2～3日各一次（治272例，治愈225例，贵州、四川）。

## 灵芝*Ganoderma lucidum*（Leys. ex. Fr）karst.

别　名：赤芝、红芝、丹芝、瑞草、木灵芝、菌灵芝药材名：灵芝

【药用部位】子实体。

【形态特征】菌盖木栓质，肾形或半圆形，黄色渐变为红褐色，皮壳有光泽，有环状棱纹和辐射状皱纹，边缘薄或平截，往往内卷，菌肉近白色至淡褐

色；菌柄侧生，长度常长于菌盖的长径，紫褐或黑色，有漆色光泽；孢子褐色卵形。

【生长环境】夏秋季生长于阔叶树庄附近地上，近年多人工培植。

【采集加工】子实体夏秋采收，鲜用或晒干或制成灵芝糖浆、灵芝茶备用。

【性味功能】淡、微温。安神益精，补气解毒，祛痰止咳。

【用法用量】牛、马15～45克，猪、羊5～10克水煎服。

【主治应用】农药或毒菇中毒，肺虚、劳伤咳嗽、风湿痹痛、腰胯风湿、活血止痛、助消化。

## 紫芝*Ganoderma sinense*

别　　名：铁菇（武夷山民间）、木芝

药材名：紫芝

【药用部位】子实体

【形态特征】菌盖木栓质，多呈半圆形或肾形，少数近圆形，表面紫黑色，具漆状光泽，有环形同心棱纹及辐射状棱纹；管口圆形锈褐色，管孔及菌肉均呈锈褐色。菌柄侧生，长可达15厘米，表面有黑色漆光状皮壳。

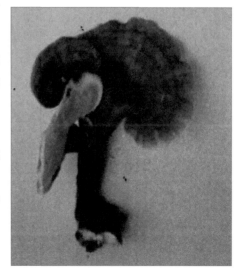

【生长环境】武夷山各地阔叶树林下木桩旁地上或朽木上常有生长。

【采集加工】采摘后去泥土，晒干备用。

【性味功能】性淡、温，味稍苦。

【用法用量】牛、马15～45克，猪、羊5～10克水煎服。

【主治应用】能补中强智、宁心益胃，用于胃痛、消化不良、解菌毒。

## 树舌 *Ganoderma applanatum*（Pers. ex Wallr.）Pat.

别　　名：平盖灵芝，赤色老母菌、扁木灵芝、扁芝

药材名：树舌

【药用部位】子实体

【形态特征】菌盖扁平，半圆形、扇形、扁山丘形至低马蹄形，（5～30）厘米×（6～50）厘米，厚2～15厘米；盖面皮壳灰白色至灰褐色，常覆有一层褐色孢子粉，有明显的同心环棱和环纹，常有大小不一的疣状突起，干后常有不规则的细裂纹；盖缘薄而锐，有时钝，全缘或波状。管口面初期白色，渐变为黄白色至灰褐色，受伤处立即变为褐色；管口圆形，每1毫米间4～6个；菌管多层，在各层菌管间夹有一层薄的菌丝层，老的菌管中充塞有白色粉末状的菌丝。孢子卵圆形，一端有截头壁双层，外壁光滑，无色，内壁有刺状突起，褐色，（6.5～10）微米×（5～6.5）微米。

【生长环境】武夷山各地阔叶树林下木桩旁地上或朽木上常有生长。

【采集加工】夏、秋季采成熟子实体，除去杂质，切片，晒干。民间常用生皂角树上者。

【性味功能】味微苦，性平。

【用法用量】牛、马15～50克，猪、羊10～15克。

【主治应用】用于咽喉炎、提高免疫抗病毒感染。

## 黄褐灵芝 *Ganoderma fulvellum* **Bres. apud Pat.**

药材名：灵芝

【药用部位】子实体

【形态特征】菌盖半圆形、扇形或贝壳形，（7～9）厘米×（5.5～8）厘米，最小的菌盖仅2厘米×1.5厘米，新菌盖可从老菌盖上生出，形成覆瓦状或连结在一起，表面红褐色到黑褐色，有似漆样光泽和不明显的同心环纹；边缘薄或钝，呈淡黄褐色到黄褐色。菌肉呈棕褐色、褐色到深褐色，无黑色壳质层，厚0.3～1.5厘米；菌管单层，有时多层，褐色到深褐色，长达1厘米；孔面幼时米黄色，老后深褐色到茶褐色；管口近圆形，每毫米4～5个。

【生长环境】零星生长于林下腐朽桩上及附近土中，子实体宁心安神，补气益精。分布同灵芝。

【采集加工】夏、秋季采成熟子实体，除去杂质，切片，晒干。

【性味功能】味微苦，性平。

【主治应用】养血滋阴、调元补液之功效。

## · 跌打损伤药

## 蛇足石松（石松属）*Lycopdium serratum* Thunb.

别　名：千层塔、金不换（武夷山民间）

药材名：蛇足石松

【药用部位】全草。

【形态特征】植株高8~25厘米，茎直立或下部平卧，单一或上部略有分枝，叶互生，螺旋状排列，密集，椭圆形或椭圆状披针形，边缘具不规则的锐齿，主脉明显；孢子叶与营养叶同形，孢子囊横生叶腋，肾形，孢子球圆，四面体形，黄色。8月至翌年1月生孢子。

【生长环境】武夷山五夫、上梅、洋庄等地山谷林下，溪边阴湿地有少量分布。

【采集加工】全草夏秋采收，鲜用或晒干。

【性味功能】辛、微苦、平；有毒。散瘀消肿，活血止痛，祛风通络。

【用法用量】牛、马20~40克，猪羊5~10克，狗1.5~3克。

【主治应用】跌打损伤、蛇伤、痈疖、无名肿毒。

## 石松（石松属）*Lycopodium clavatum* L.

别　　名：伸筋草（武夷山民间）

药材名：石松

【药用部位】全草。

【形态特征】多年生草本。主茎葡匐，常着地生不定根。不育枝直立。多四二叉分枝；孢子从第2～3年生的不育枝上长出，长3～10厘米，叶螺旋状排列，密集，在主茎和孢子枝上较疏生，条状，钻形，先端渐尖而具膜质的长芒，边缘膜质，具不规则锯齿，孢子囊肾形，5月生孢子。

【生长环境】生于向阳山坡草丛中，武夷山市茶景等地多有分布。

【采集加工】全草全年可采，鲜用或晒干备用。

【性味功能】甘、微苦，舒筋活络，祛风利湿。

【用法用量】牛、马30～90克；猪、羊5～12克，研为细末，开水冲，候温灌服或煎水灌服；外用研末调麻油涂患处。

【主治应用】风湿关节痛，扭伤肿痛。

【方例】伸筋活血散：本品、牛膝、土鳖、续断、茜草、桂枝尖、广陈皮、川乌头、桃仁、红花、刘寄奴。治牛跌打损伤，筋骨疼痛。

## 卷柏（卷柏属）*Selaginella tamariscima*（Beauv.）

别　名：九死还魂草（武夷山民间）

【药用部位】全草

【形态特征】多年生短小草本。主茎短直立，侧枝丛生主茎顶部，辐射开展呈莲座状，2～3回羽状分枝，干时内卷如拳。小枝上的叶二形，鳞片状。孢子囊穗生于枝顶4棱形，孢子叶并状三角形，4列，交互排列；孢子囊肾形，孢子二形。

【生长环境】武夷山各地山坡及岩壁积土上广有分布。

【采集加工】全草，全年可采，以春季色绿质嫩者为佳，除去须根和泥沙，鲜用或晒干。卷柏炭：本品干品放锅内用微火炒至表面黑色，里面呈棕黄色（注意存性），取出喷洒清水少许，晒干备用。

【性味功能】性平味辛，理血通经，活血祛瘀；炒炭止血。

【用法用量】牛、马50～150克，猪羊10～45克，研为细末，开水冲，候温灌服或煎服。

【主治应用】跌打损伤，各种出血。

【方例】大家畜暑天衄血：鲜柏叶120克，白糖120克，棕炭30克，白矾60克，童便1碗，共捣碎混合加水适量，一次灌服。

## 深绿卷柏（卷柏属）*Selaginella doederleinii* Hieron.

别　名：龙鳞草、鲤鱼尾（武夷山民间）

【药用部位】全草

【形态特征】多年生草本，茎多回分枝，较密。分枝处常有长短不一的根托。叶二形，侧叶斜展，长圆形，顶端钝形，基部为不整正的圆形，外侧全缘，内侧有细齿；中叶直向上，卵状长圆形至长圆形，龙骨状；中脉突出呈短刺芒状，边缘具细齿，2列交互贴生茎上；侧叶长圆形，上侧边缘有细齿，下侧边全缘，向枝两侧斜展成一平面。孢子囊穗通常双生于枝顶，四棱柱形，长1～2.5厘米；能育叶卵状三角形，顶端渐尖，中脉隆起，边缘有细齿。

【生长环境】生于高山林下，溪沟阴湿地或岩壁下，武夷山市内多有分布。

【采集加工】全草，全年可采，鲜用或晒干备用。

【性味功能】性凉，味甘，微苦，涩；清热解毒，驱风消肿，清肺止咳，止血生肌。

【用法用量】牛、马60～90克，猪、羊15～30克，狗15～20克。

【主治应用】高热不退，毒蛇咬伤，跌打损伤。

## 莽草（八角属）*Illicium lanceolatum* A. C. Smith

别　名：红茴香、假茴香、八角子

【药用部位】根、皮、叶

【形态特征】常绿小乔木，高2～10米，根外皮黑褐色，内皮红色，老枝灰褐色。叶互生或聚生枝顶节上，革质，倒披针形或披针形，先端短尾尖或渐尖，基部渐狭成楔形，全缘；叶面有光泽，两面均无毛。花被片10～15，排成数轮，外轮较小，绿色，内轮红色，聚合果星状，每分瓣顶端细尖且向下弯曲成钩状，木质。5—6月开花，8—10月结果。

【生长环境】零星生于各地山谷林下。

【采集加工】根、皮、叶全年可采，鲜用或晒干备用。

【性味功能】性温、味辛、有毒，根：行气活血；叶：破结除稀。

【用法用量】鲜根、叶适量，捣烂或研末调酒外敷，水煎、熏洗患处。

【主治应用】根、皮：治跌打损伤；叶：治乳痈、咽喉疼痛。

## 冷水花（冷水花属）*Pilaa notata* C. H. Wright

别　名：山羊血

【药用部位】全草

【形态特征】一年生草本。茎直立，肉质，高25～50厘米，叶对生，大小不一，长卵形，长5～12厘米，宽2～4厘米，先端渐尖，基本润楔形或圆，叶缘有浅锯齿，两面具明显的条形钟乳体，基出3脉。聚伞花聚腋，花单性，雌雄异株；雄花被裂片、雄蕊均4；雌花皱裂片3～4，柱头画笔状。9—10月开花结果。

【生长环境】生于武夷山各地山谷林下或沟旁阴湿处。

【采集加工】全草夏秋采收，鲜用或晒干备用。

【性味功能】性凉、味微苦，清热利湿，破瘀消肿。用于湿热黄疸，跌打损伤，外伤感染。

【用法用量】牛、马60～120克，猪、羊30～60克，水煎喂服。外用鲜草适量捣烂敷患处。

【主治应用】跌打损伤，外伤感染等。

### 赤车（赤车属）*Pelliontaradicanssieb. et. Zllcc*

【药用部位】全草或根

【形态特征】多年生草本，茎伏地，横走或直立，肉质，高15～30厘米，叶互生，斜长卵形，先端尾状尖，基部偏斜，一侧楔形，一侧耳垂状，边缘有疏齿，叶面有疏毛，叶背无毛或仅叶脉上有少量毛，托叶披针形。花极小单生，雌雄异株或同株；雄花序生于上部叶腋，分枝稀疏，花被裂片雄蕊均5；雌花序球形，花被裂片5，大小不等，2—3月开花。

【生长环境】生于武夷山各地林下坑谷湿地。

【采集加工】全草夏秋采收，鲜用或晒干备用。

【性味功能】性微温、味辛苦、有小毒。活血行瘀，消肿止痛。

【用法用量】牛、马30～45克，猪、羊15～20克，水煎喂服。外用适量，捣烂外敷或干全草研粉加水调敷。

【主治应用】跌打损伤，骨折，急性关节炎，外伤感染等。

### 香叶树（山胡椒属）*Lindera ctmmunis* Hemsl.

【药用部位】树皮、叶

【形态特征】常驻绿乔木，高4～10米，小枝被微毛；叶互生，椭圆形或卵形，全缘；叶面无毛有光泽，叶背疏褐柔毛，苍白色。花单性，雌雄异株，伞形花序腋生，有花5～8朵，花被片6，白色，果卵形或球形，熟时深红色，果托浅盘状，3—9月开花结果。

【生长环境】武夷山各地多有种植或野生于杂木林中。

【采集加工】茎、皮、枝、叶全年可采，鲜用或晒干备用。

【性味功能】性平、味微辛、微苦，茎皮散瘀消肿，止血止痛；枝、叶消肿解毒。

【用法用量】牛、马30～45克，猪、羊15～20克，水煎喂服。外用捣敷或研末调敷。

【主治应用】茎皮：治骨折、跌打损伤，创伤出血；枝、叶治疖痛。

### 红楠（润楠属）*Machilus thunbergii* Sieb. et Zucc.

【药用部位】根皮、树皮

【形态特征】中等乔木，高10～15米；新枝紫红色，枝上有顶芽鳞片脱落后的疤痕6～7环，顶芽上部的鳞片边缘具黄锈色柔毛。叶革质，倒卵形至倒卵状披针形，长4.5～13厘米，宽2～4厘米，顶端短突尖或短渐尖，尖头钝，基部楔形，上面深绿色，有光泽，下面凸起，侧脉7～12对，斜向直伸至近叶缘时沿叶缘上弯，小脉结成网状，嫩叶可见浅窝穴；叶柄长1～3厘米，与中脉一样带红色。花序顶生或在新枝上腋生，无毛，长4～11厘米，在上部分枝，带紫红色；花梗长8～15毫米；花被较狭小，外面无毛，内面上端有小柔毛。果扁球形，直径8～10毫米，果梗及果序轴鲜红色。花期2—3月。果期7月。

【生长环境】零星分布于武夷山各地山林中。

【采集加工】根皮、树皮入药。

【性味功能】性温，味辛、苦。归肝、脾、胃经。温中顺气；舒经活血；消肿止痛。

【用法用量】内服：煎汤，牛、马30～45克，猪、羊15～20克。外用：适量，捣敷，或煎汤熏洗。

【主治应用】主治呕吐腹泻；胃呆食少；扭挫伤；转筋；足肿。

## 牯岭藜芦（藜芦属）*Veratum schindleri* Loes

别　名：闽浙藜芦、七厘丹

【药用部位】根、根茎

【形态特征】多年生草本。鳞茎不明显膨大，基部具黑褐色网状纤维的残存叶鞘；须根多数，肉质。叶披针形或条状披针形。基部可为长圆形，长12～38厘米，宽3～8或12厘米，先端渐尖，基部渐狭而下延成柄，两面无毛，主脉稍明显。圆锥花序长30～73厘米，主轴花梗，苞片均被灰色卷曲绵毛；花梗长5毫米，苞片和小苞片披针形；花被6片，淡绿色，长圆形，长约5毫米，雄蕊6，蒴果椭圆形，长0.7～1.5厘米，先端宿存3枚喙状花柱。7—10月开花结果。

【生长环境】武夷山茶劳山等高山林下阴湿地均有生长。

【采集加工】药用鳞茎及根。夏秋采带根鳞茎，以初夏为佳，晒干或用水浸泡后晒干备用。

【性味功能】性寒、味辛、苦，有毒。催吐、涌痰，全草通经活络，祛瘀止痛。

【用法用量】鲜品牛、马15～45克，猪、羊3～6克，研为细末，开水冲，候温灌服或煎汤灌服，外用适量。注意：本品毒性较大，用量切不可过大，孕畜忌服，不可与诸参、细辛、芍药配伍。过量葱白汤可解本毒。

【主治应用】（1）催吐：用于风痰内闭，毒物亭胃，宜与瓜蒂、防风等配伍。（2）杀虫：用于疥癣、恶疮，以本品研末，甘油调敷患处。（3）消食导滞：用于牛脾虚不磨，多与党参等配伍。（4）亦可治疗骨折。

【方例】藜芦根25克，轻粉125克。碾成细末，凉水调敷，治癣。（《普济方》）

## 滴水珠（半夏属）*Pinellia cordata* N. E. Brown

【药用部位】块茎

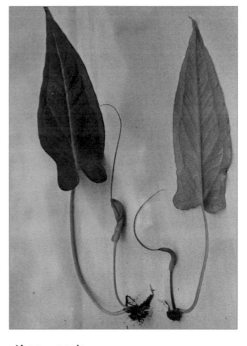

【形态特征】多年生草本，块茎卵圆形，叶1枚茎生，三角状戟形，长9～12厘米，中部宽6～8厘米，先端锐尖或短尾状，基部戟形，边缘呈不规则波状。长叶片基部常有珠芽。花单性，雌雄同株，肉穗花序，外有佛焰苞呈长圆形，附属体线状，伸出佛焰苞外，浆果5—9月开花结果。

【生长环境】武夷山各地山野岩石旁阴湿处常有生长。

【采集加工】药用块茎，全年可采，鲜用或晒干备用。

【性味功能】性温、味辛，有小毒；解毒止痛，散结消肿。

【用法用量】牛、马40～60克，猪、羊10～30克。

【主治应用】毒蛇咬伤，腰痛，胃痛，痈，跌打损伤。

【方例1】毒蛇咬伤、痈疖初起：鲜块茎9～15克用开水吞服（不可嚼碎），另取鲜块茎捣烂敷患处。

【方例2】腰痛：完整不破损的鲜块茎3克，整粒用温开水吞服（不可嚼碎），另以鲜茎加食盐或白糖捣烂敷患处。

【方例3】跌打损伤：鲜块茎捣烂敷患处。

【方例4】乳痈、肿毒：块茎与蓖麻子等量捣烂和凡士林或猪油调匀敷患处。

## 七叶一枝花（重楼属）*Paris polyphylla* Smith

别　名：蚤休、金线重楼、紫罗车（武夷山民间）

药材名：七叶一枝花

【药用部位】根。

【形态特征】多年生草本。高30～100厘米，茎单一直立，掌状复叶6～8片，轮生于茎顶，具柄，小叶片长卵形或长圆状披针形。花单一，茎顶着生，花蕾5～10片，叶状绿色，花瓣与蕾同数，线状绿色，基部浅黄色，果球形紫色。地下茎横卧。黄褐色，外表有密集成环状的节、具细长的须根。

【生长环境】武夷山岚谷、洋庄等处山坡、林缘、山谷、水沟的阴湿处均有生长。

【采集加工】秋季采挖根茎，除去地茎及须根、泥土、晒干备用。

【性味功能】苦、微寒，有小毒，清热解毒，散结内肿，镇痉止痛。

【用法用量】大家畜20～30克，中家畜6～15克，外用多用醋磨。

【主治应用】蛇伤、无名肿毒。

【方例1】家畜毒蛇咬伤：七叶一枝花、半边莲、黄荆叶各一握，搅烂外敷。

【方例2】家畜无名肿毒：七叶一枝花块根、醋磨调敷患处。

## 黄海棠（金丝桃属）*Hypericum ascyron* L.

【药用部位】全草。

【形态特征】多年生草本，高40～100厘米，茎四棱，叶对生，长圆形至卵状披针形，先端渐尖，基楔形，抱茎，全缘，具透明小腺点，聚伞花序顶生，有花数朵，黄色，萼片5，不等长，有小腺点，花瓣5，狭倒卵形，稍偏斜或旋转；雄蕊多数，5囊，子房上位，花柱中部以上5裂，蒴果圆锥形。6—9月开花结果。

【生长环境】生于武夷山各地山野、路旁草丛或灌丛中。

【采集加工】夏秋采收，鲜用或晒干备用。

【性味功能】苦、寒，平肝凉血。

【主治应用】鼻衄、肝炎、外伤出血，跌打损伤。

【用法用量】牛、马50～80克，猪、羊15～30克。

## 圆锥绣球（绣球属）*Hydrangea paniculata* Sieb.

别　　名：紫阳花、牡丹三七

药材名：草绣球

【药用部位】根、茎。

【形态特征】灌木，稀为小乔木，高0.5～2米；小枝、叶柄、花序、花梗通常被稀疏柔毛。叶对生，有时3叶轮生，卵形或椭圆形，长5～10（或13）厘米，宽3～5（或6.5）厘米，顶端渐尖或短渐尖，基部圆纯，稀为阔楔形，边缘具细密小锯齿，上面被稀疏粗伏毛，下面被除脉上稍被长柔毛外，均无毛；叶柄长0.8～1.5厘米。花多数，密集，排成顶生圆锥花序，长8～20（或29）厘米，具叶状苞片及小苞片；小孕性花：多朵；花梗1.5～2厘米，萼片大，通常4片，大小不等，宽椭圆形或近圆形，长8～17毫米，全缘，通常无毛，脉纹明显；孕性花：多数，细小，白色；花梗短；花萼5齿裂，裂齿三角形；花瓣5片，长圆形，顶端急尖，基部截平，早落；雄蕊10枚；子房半下位，花柱3枚。蒴果近椭圆形。种子具细纵条纹，两端狭翅状。花期5—10月，果期7—11月。

【生长环境】多分布于武夷山海拔1 500米以下的山坡灌丛、路边或山谷溪边湿润地。

【采集加工】根常年可采，花果夏秋采收，均鲜用或晒干备用。

【性味功能】辛、微苦、温，祛瘀消肿。

【用法用量】牛、马30～60克，猪、羊15～25克。

【主治应用】跌打损伤。

【方例1】各种损伤：鲜草绣球根茎200～250克，切片，加黄酒、红糖，盛碗中加盖，放锅内蒸，连蒸3～4次。每饭前服一次（《浙江天目山药植志》）。

【方例2】江西《草药手册》：用于跌打损伤。

### 茅膏菜（茅膏菜属）*Drosere peltata* Smith var. *lunata*（Buch.-Ham.）Clarke

别　名：伤丸仔（武夷山民间）

药材名：茅膏菜

【药用部位】全草。

【形态特征】多年生矮小草本，茎直立，单一或上部稍分枝，地下茎球形，基生叶小圆形，花时枯萎，茎生叶互生，半圆形，边缘密生红紫色腺毛，能分泌粘液，借以捕食昆虫；叶柄纤细，盾状着生，蝎尾状聚伞花序近顶生，花白色，萼钟形5裂，裂片卵形，边缘啮触状，花瓣5，蒴果小，球形，春夏开花结果。

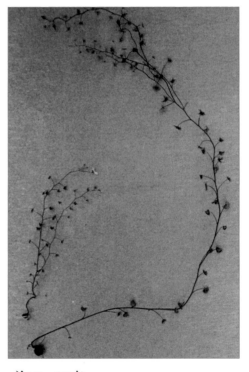

【生长环境】武夷山城关、武夷等地的荒山坡地上常见。

【采集加工】全草、块茎，夏秋采收，均鲜用或晒干备用。

【性味功能】甘、微温、有小毒。活血通络，散瘀镇痛。

【用法用量】牛、马30～60克，猪、羊10～20克。

【主治应用】风湿关节痛，跌打损伤，痢疾，湿疹，癣。

【方例1】风湿关节痛：本品9克，桑寄生15克，水煎服或本品研粉末撒胶布上贴于关节痛处。

【方例2】跌打损伤：本品、地芥草各15克水煎服。

## 山乌桕（乌桕属）*Sapium discolor（Champ. ex Benth.）Muell.-Arg.*

别　名：红乌桕、山柳乌桕

药材名：山乌桕

【药用部位】根皮、树皮及叶。

【形态特征】落叶乔木，有乳汁，幼枝嫩叶常带红色。叶互生，长圆形或卵状椭圆形，先端短尖或急尖，基部煤楔形，全缘，叶背粉黄绿色，花单性，雌雄同株，穗状花序顶生。花淡黄绿色，无花瓣。蒴果近球形，黑色，种子近球形，外被蜡层，5—10月开花结果。

【生长环境】武夷山各地杂木林中均有生长。

【采集加工】根皮、茎皮全年可采；叶于夏秋采收，均鲜用或晒干备用。

【性味功能】苦、寒，有小毒，泻下逐水，散瘀消肿。

【用法用量】牛、马40～60克，猪、羊15～25克。孕畜及体虚者忌用。

【主治应用】根、树皮：治肾炎水肿，肝硬化腹水，大小便不通，白浊。叶：治跌打损伤，过敏性皮炎，毒蛇咬伤。

【方例1】毒蛇咬伤：本品根9～15克，水煎1～2小时，冲白酒服。外用鲜叶捣烂敷伤口周围。

【方例2】白浊：根15克，水煎服。

【方例3】用量加大须久煎，服药后出现腹泻不止时可服冷稀饭解之。

## 东南金粟兰（金粟兰属）*Chlorahthus henryi* Hemsi

别　名：四叶金

【药用部位】全草

【形态特征】多年生草本，高25～60厘米，茎直立，节明显。叶对生，常4片生于茎上部，倒卵形或近棱形，长8～18厘米，先端尖，基部楔形而下延，无柄，穗状花序顶生。有3～5分枝，花小，无花被乳白色，春夏开花。

【生长环境】广布于武夷山各地林下阴湿处。

【采集加工】全草夏秋采收，鲜用或晒干备用。

【性味功能】性温，味辛、苦，活血祛瘀，消肿解毒。

【用法用量】牛、马60～150克，猪、羊15～30克，水煎灌服。

【主治应用】风湿关节痛，产后瘀痛、产后风、肺痈背痛，多发性脓肿、跌打损伤。

【方例1】多发性脓肿：四叶金鲜根30克，鲜一枝黄花45克，食盐少许，米饭适量，同捣烂敷患处。

【方例2】毒蛇咬伤：四叶金鲜叶适量，雄黄沫少许，同捣烂敷患处。

【方例3】5%的水浸液可杀蚊子幼虫。

## 及己（金粟兰属）*Chloranthus serratus*（Thunb.）Roem. et. schult.

别　名：四大金刚

【药用部位】全草

【形态特征】多年生草本，高20～50厘米，根状茎粗短，须根多，茎单一或丛生，节明显。叶对生常4片，生于茎顶，椭圆形或卵状椭圆形，长7～12厘米，宽4～6厘米，先端渐狭至长尖，基部楔形，边缘有锯齿，叶柄长1～2厘米，托叶小。穗状花序顶生，不分枝或2～3分枝。花小无花被，雄蕊3枝、白色，春夏开花结果。

【生长环境】生于武夷山各地山谷、林缘阴湿地等处。

【采集加工】全草夏秋采收，鲜用或晒干备用。

【性味功能】性平、味苦、有毒，活血散瘀，祛风止痛，解毒杀虫。

【用法用量】鲜全草适量，捣烂敷患处，内服慎用。

【主治应用】跌打损伤，无名肿毒，蛇虫咬伤，跌打损伤，疔疮疖肿。

【方例】治跌伤、扭伤、骨折：鲜及己根加食盐少许捣烂，烘热敷伤处。

## ·补虚药

## 山麦冬（山麦冬属）*Liriope spicata*（Thunb.）Lour.

别　　名：大麦冬

【药用部位】块根

【形态特征】植株常丛生。根多分枝，近末端处常膨大成矩圆形或纺锤形肉质小块根；根状茎粗短，具地下匍匐茎。叶基生成丛，禾叶状，狭长形，长20～60厘米，宽4～6毫米，顶端短尖或钝，边缘具细锯齿，具5条脉，中脉明显。花葶直立，长于叶或叶等长，总状花序轴长6～18厘米有多数花，常数朵簇生于苞片腋内，苞片干膜质，披针形，下部的长4～5毫米；花梗长约4毫米，中部以上或近顶端有关节；花被6片，矩圆形或矩圆状披针形，顶端钝，两轮排列，淡紫色或淡蓝色；雄蕊6枚，花药狭矩形，与花丝等长，长约2毫米；子房上位，近球形，花柱长约2毫米，稍弯，柱头近球形，直径约5毫米。花期4—7月，果期8—9月。

【生长环境】生于武夷山各地山谷林下、路旁湿地、湿岩石上。

【采集加工】全草全年可采，块根秋后采挖，去除须根和杂质洗净，鲜用或晒干备用。

【性味功能】性微寒，味甘、微苦，养阳生津，润肺清心。

【用法用量】鲜用，牛、马60～120克，猪、羊30～45克。

【主治应用】主治肝肾不足，肺胃阴虚等症。

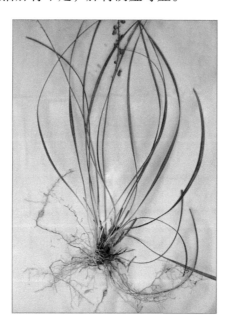

## 阔叶麦冬（山麦冬属）*Liriope platyphylla* Wang et Tang

【药用部位】块茎

【形态特征】根多分枝，细长，有的中部膨大成纺锤形，肉质小块根，长达3.5厘米，宽可达1厘米左右；根状茎短，木质。叶基生，密集成丛，革质，长25～60厘米，宽1～3.5厘米，顶端急尖或钝，边缘几不粗糙，具9～11条脉，有横脉。花葶长于叶，直立，总状花序轴长数十厘米，密生多数花，花数朵簇生于苞片腋内，苞片小，近刚毛状，长3～4毫米；小苞片干膜质，卵形；花梗长4～5毫米，中部或中部以上有关节；花被6片，矩圆形或矩圆状披针形，顶端钝，长3.5毫米，紫色或红紫色；雄蕊6枚，着生于花被片基部而较花被片短；花药披针形，与花丝近等长；子房略呈球形，3裂；花柱长约2毫米，柱头3齿裂。种子球形，直径6～7毫米，成熟时黑紫色。花期7—8月，果期9—10月。

【生长环境】生于武夷山各地山谷林下潮湿处，亦有栽培供观赏。

【采集加工】全草全年可采，块根秋后采收，除去杂质和须根，洗净凉干鲜用或备用。

【性味功能】性平、味甘。养阴生津，润肺清火。

【用法用量】鲜品牛、马60～120克，猪、羊30～45克。

【主治应用】主治阴虚咳嗽，小畜慢性消化不良等症。

## 天门冬（天门冬属）*Asparagus cochinensis*（Lour.）Merr.

别　名：天冬、丝冬

【药用部位】块根

【形态特征】多年攀缘草本，茎细长，常扭曲，长100~200厘米，有很多分枝，枝叶状，通常2~4个簇，扁平而有棱，线形。主茎上的常变为短刺，小枝上的叶退化成鳞片状，花1~3朵，簇生，下垂，黄白色或白色。浆果球形，幼时绿色，熟时红色，地下生多数肉质块根，灰黄色或牙白色。

【生长环境】生于较阴湿的林边、灌木丛中或丘陵地，武夷山亦有零星栽培。

【采集加工】药用块根，立秋至小寒采挖，除去须根，用水煮或蒸至皮裂，剥去外皮，切段干燥，若栽培时分根繁植，生长至第2~3年采收。

【性味功能】性寒，味甘、微苦，入肺肾经，养阴清热，生津止咳。

【用法用量】本品性寒、质润能滑肠，大家畜30~70克，中家畜12~18克，但脾虚便溏者不宜用。

【主治应用】（1）用于阴虚内热，津少口渴及肺燥咽干咳嗽，痰稠不利等症，常配麦冬同用。（2）润肺滋肾：配麦冬、百部、瓜蒌等养阴清肺止咳药同用；用于肺肾阴虚之消渴及虚痨潮热常配生地、人参同用，如"三方汤"。（3）治肺胃燥热，干咳无痰，咽干舌燥：配麦冬、北沙参同用。（4）治热病后便秘，干燥坚硬、排出困难：配生地、当归、玄参、火麻仁等同用。

【方例】咽喉肿痛：天冬、麦冬、板蓝根、桔梗、山豆根各25克，甘草15克。水煎服。

## 羊齿天门冬（天门冬属）*Asparagus filiciwus*

别　名：土百部、真百部、药材名小百部

【药用部位】块根

【形态特征】多年生草本，根茎短，全轴型，根丛生，从基部起变为膨大的块根，块根纺锤形，长2～10厘米，茎直立，有时呈蜿蜒状，多分枝，分枝上有狭翅。叶变化鳞片状，扁平，一条脉，花朵呈钟形，果球形，熟时黑色。

【生长环境】武夷山洋庄、武夷等地疏林地下灌木丛中均有分布。

【采集加工】春、秋季采挖块根，洗净晒干或去皮晒干，成品晒干后呈纺锤状两头尖，表面皱缩，呈灰棕色或棕褐色，干燥后多呈空壳状，坚韧而脆，易折断，内心空虚少肉质未充分干燥者，内心白色黏性的肉质。嗅微酸，味带麻。去皮者长略弯曲的纺锤状，淡黄棕色，表面光滑，有干缩纵沟，质坚脆，易折断，断面不平整，皮层较广泛，淡黄棕色，中柱细，黄色味甜。

【性味功能】性微温，味苦、味甘，无毒，润肺杀虫虱，治肺痨久咳。

【用法用量】牛、马30～8克，猪、羊15～30克。

【主治应用】牛肺结核、久咳等症。

【方例】天门冬（羊齿天冬）、麦门冬、百部各25克，杏仁15克，沙参35克。水煎服。

## 石斛（石斛属）*Dendrobium nobile* Lindl

别　名：金钗石斛、吊兰（武夷山民间）

【药用部位】全草或3年生以上的茎枝

【形态特征】为附生的多年生草本。茎丛生直立，稍扁、肉质、黄绿色，有节和纵沟，高30厘米左右，叶无柄，稍革质，叶鞘紧抱于节间，叶片长圆形或长圆状披针形。总状花序，自茎节生出，遍常花2～3朵，花白色，末端呈淡红紫色，果为蒴果，长圆形，有4～6棱。

【生长环境】多着生于阴湿的岩壁或树干上，武夷山吴屯后墘等山区多有分布。

【采集加工】全草、四季可采，以春末夏初伏尾采收为好，采下后去根叶洗净用火烘干即成。

【性味功能】性微寒，味甘。入肺、肾经。滋阴益胃，生津止渴。

【用法用量】清虚热以本品为佳，鲜石斛养阴清热生津之力较干石斛为优，鲜用主要用本品，而药用干品则主要为细叶石斛、钩状石斛、网脉唇石斛等。牛、马60～90克，猪、羊15～30克。

【主治应用】（1）清虚热，用于热病伤阴，口干燥渴或阴虚久热不退，常配生地、麦冬、天花粉、地骨皮等同用。若用于胃阴不足所致的胃痛干呕，舌光少苔之症，可配竹菇、沙参、麦冬、玉竹等同用。（2）本品为清肺养胃之药，凡阴虚舌红光无苔津少之症，服之优宜，热病伤阴，有泄存阴之功。

## 细茎石斛（石斛属）*Dendrobium. moniforme*（L.）Sw.

【药用部位】茎、叶

【形态特征】茎丛生，圆柱形，长10～40厘米，粗1.5～3毫米，节间长1～3厘米。叶长圆状披针形，长2.5～7厘米，宽5～10毫米，顶端2圆裂或急尖而钩转，基部圆形，关节明显，叶鞘圆柱状，花期无叶，总状花序侧生关上，具花2～5朵，但常见2朵并生；总状梗短；花苞片膜质，于后在中部或顶端具赤褐色，花黄绿色或淡玫瑰色，中萼片长圆形，长约1.2厘米，宽约4毫米，侧萼片基部偏斜近镰形，与中萼片等长，基部贴生蕊柱足形成萼囊，萼囊近球形；花瓣卵状长圆形，略短于萼；唇瓣卵状三角形，3裂，基部具明显或多少可见的胼胝体，侧裂片直立，边缘常有细齿，内侧被毛，中裂片无毛，顶端急尖，花期6月。

【生长环境】产于武夷山市小武夷公园等处，附生于树上、山谷或阴湿的岩壁上。

【采集加工】茎、叶全年可采鲜用或晒干备用。

【性味功能】性微寒、味甘，清热养阴，生津益胃。

【用法用量】鲜品牛、马60～120克，猪、羊30～45克。

【主治应用】用于热病伤津，痨伤咳血，口干烦渴，病后虚热多食欲不振，肺、胃虚火引起的各种疾病等。

## 束花石斛（石斛属）*Dendrobium chrysanthum* Wall. ex Lindl.

【药用部位】全草

【形态特征】茎圆柱形，长50～200厘米，粗5～15毫米，上部略弯曲，节间长2～4厘米，叶薄纸质，披针形或长圆状披针形，长达18厘米，宽2～4厘米，顶端渐尖，基部圆形，关节明显，叶鞘膜质，鞘口张开呈杯状。伞形花序侧生于有或无叶的茎上；总状梗极短，常几不可见，基部有膜质苞片包着，花梗连子房长5厘米，花黄色，稍肉质，中萼片长圆形，长约1.6厘米，宽约1厘米，顶端纯，侧萼片基部偏斜，近镰形，比中萼片长，萼囊短圆锥形；花瓣倒卵状长圆形，比萼片显著较宽，近顶部边缘常具圆齿；唇瓣宽倒卵形或横长圆形，两面密被绒毛，唇盘具2个血紫色圆形斑块，边缘具流苏。

【生长环境】武夷山市各地山坡林下阴湿的岩石上均有生长。

【采集加工】全草全年可采，鲜用或晒干备用。

【性味功能】性平、味甘，清热养阴，生津益胃。

【用法用量】鲜品，牛、马60～120克，猪、羊30～45克。

【主治应用】用于阴伤津亏，口干烦渴，食少干呕，病后虚热。主治肺、肾等虚火结起的各种疾病。

## 麦斛（石豆兰属）*Bulbophyllum inconspicuum* Maxim

别　名：石豆

【药用部位】全草

【形态特征】多年生附生草本，匍匐生长，茎上长一个卵圆形以麦粒样的假鳞茎，花生米大，肉质，绿色无毛。每个假鳞茎顶生一片叶，通常椭圆形，革质硬易脆，黄绿色，中脉凹陷，叶长1～3厘米，花白色而带红1～2朵，着生于1条短梗上。

【生长环境】多附生在山沟潮湿的岩面或树干上，成群匍匐生长，武夷山五夫等地有分布。

【采集加工】全草全年可采，洗净晒干或蒸后晒干备用。

【性味功能】性凉，味甘、淡，润肺化痰，滋阴养胃。

【用法用量】鲜品，牛、马60～90克，猪、羊15～30克。

【主治应用】主治肺阴虚咳嗽，高热伤津。（1）肺结核咳嗽咯血、慢性气管炎咳嗽，肺炎恢复期，慢性咽痛。（2）慢性胃炎、胃酸缺乏，食欲不振。（3）遗精。

## 箭叶淫羊藿（淫羊藿属）*Epimedinm sagittatum*（sieb. et zucc.）Maxim.

别　名：仙灵脾、三枝九叶草、乏力草、铁鸡爪（武夷山民间）

药材名：箭叶淫羊藿

【药用部位】叶。

【形态特征】多年生草本。根状茎略呈结节状，紧硬，外皮褐色，断面白色。茎生叶1～3枝，三出复叶；叶柄细；茎生叶2枚，常生茎顶，与基生叶同型，革质，卵状披针形，先端渐尖，基部心形，两侧小叶基部不对称，呈箭状心形，边缘有针刺状细齿，叶背疏生伏贴的短细毛，基出5～7脉，两面网脉明显，具小叶柄。圆锥花序或总状花序顶生；萼片8，排成

2轮，花瓣4，黄色，囊状，先端有短矩。骨突果近卵形，先端有喙。种子肾形，黑色。2—5月开花结果。

【生长环境】武夷山市各地山坡林下或路旁岩石缝中常见。

【采集加工】全草，夏秋采收，鲜用或晒干备用。

【性味功能】辛、甘、温。壮阳补肾，祛风胜湿。

【用法用量】牛、马15～45克，猪、羊6～12克，水煎灌服。

【主治应用】阳萎遗精，小便淋沥，腰肢痿软无力，风湿痹痛，四肢强枸，不孕，劳倦乏力。

【方例】仙灵脾散：仙灵脾、威灵仙、苍耳子、桂枝、川芎治风湿或寒湿痹痛，肢体强徇，行动不灵。


## 槲寄生（槲寄生属）*Viscum coloratum*（kom.）*Nakai*

别　名：北寄生、桑寄生、柳寄生、黄寄生、冻青

药材名：槲寄生

【药用部位】带叶茎枝

【形态特征】常绿寄生小灌木，高30～60厘米，茎枝黄绿色或绿色，枝呈叉状分枝，分枝有膨大的节。叶对生，生于枝端节上分枝处，叶肥厚无柄，黄绿色，椭圆状披针形。花米黄色或近于肉色，生于枝端两叶间或分叉之间，浆果球形，如豌豆大，半透明，熟时黄色，红色或橙红色。

【生长环境】寄生于柳、柿、犁等树，武夷山各地均可见。

【采集加工】带叶茎枝，冬季至次春从树上割下，除去最下部粗大的枝梗，晒干或趁鲜切片晒干备用。

【性味功能】苦、平。祛风湿，健筋骨，安胎下乳。

【用法用量】牛、马60～90克，猪、羊15～30克，水煎喂服。

【主治应用】风湿、关节痛、胎漏、胎动不安，先兆流产。


## 杜仲（杜仲属）*Eucommia ulmoides*

别　名：丝楝树皮、丝棉皮、棉树皮、胶树

药材名：杜仲

【药用部位】根皮。

【形态特征】落叶乔木。树皮灰色，表面粗糙，连同果皮，叶折断均有银

白色细丝，小枝具明显皮孔；叶互生，椭圆形或圆状卵形，边缘具细锯齿，网脉明显，上生疏毛。花单性，雌雄异株，单生小枝基部，具短梗，先叶或与叶同时开放。无花被，翅果长圆形，扁而薄，中央稍凸起，四周具薄翅，先端浅裂，基部楔形，种1枚，4—5月开花，7—8月结果。

【生长环境】生于阳光充足，潮湿的杂木林中，武夷山市有少量野生。

【采集加工】树皮：春夏采收，以内皮对合叠压紧，外周以稻草或麻袋包围，使"发汗"，经一星期后取出压平，晒干，再削去外层部份的糙皮，切块。杜仲炭：将杜仲块用武火炒至黑褐色，并断丝、存性，用盐水喷淋（杜仲块每百千克用盐1～2千克），取出摊凉。

【性味功能】甘、微辛、温。补肝肾，强筋骨，安胎。

【用法用量】牛、马15～60克。猪、羊6～15克。

【主治应用】腰膝酸痛，四肢痹痛，肾炎，胎动不安。

【方例】右归散《景岳全书》：治久痛体弱，畏寒肢冷，腰胯无力，阳萎、滑精：熟地、炒山药、姜杜仲、山茱萸、枸杞子、菟丝子、熟附子、肉桂、当归、鹿角胶。

## 绞股蓝（绞股蓝属）*Gyhostemma pentaphyllum*（Thunb.）Makino

别　名：七叶参、七叶胆、甘茶蔓

药材名：绞股蓝

【药用部位】全草。

【形态特征】多年生草质藤本，长达5米以上，茎柔弱有短毛或无毛，卷须分2叉或稀不分叉，叶鸟足状5～7（或9）小叶，叶柄有柔毛，小叶卵状短圆形或矩圆状披针形，中间者较长，有柔毛或近无毛，边缘有锯齿。雌雄异株；雌雄均圆锥花序，总花梗细长，花萼萼片三角形，花冠裂片披针形淡绿色，夏秋盛开，果实球形，

熟时黑色，有1～3种子，宽卵形，两面有小庞状凸起。花期3—4月，果期4—12月。

【生长环境】分布武夷山、茶劳山等地山间阴湿环境及林下阴湿而有乱石的地方或竹林沟谷边。武夷山各庭院亦有栽培。

【采集加工】全草秋季采收，洗净晒干备用。

【性味功能】甘、微苦、寒，清热解毒，止咳祛痰，降压防老，增加食欲。

【用法用量】鲜品，牛、马60～120克，猪、羊15～30克。

【主治应用】慢性支气管炎，传染性肝炎，胃肠炎等。

## 多花黄精（黄精属）*Polygonatum cyrtonema* Hua

别　名：山姜、南黄精

【药用部位】干燥根茎。

【形态特征】多年生草本，高35～100厘米，根状茎横生，结节状，肉质，直径1～2.5厘米，叶互生，椭圆形或长圆状披针形，长10～23厘米，宽2.5～6厘米，先端尖或渐尖，基部阔楔形，两面无毛，弧形脉5～7条，几无柄或有短柄，花序腋生，呈伞形，具花2～5；总状梗长0.3～6厘米，花梗长1～1.5厘米，花被片黄绿色，长1.7～2.5厘米，筒状，先端6裂，雄蕊6，浆果球形，黑色，直径约1厘米，有种子3～9粒，花期4—6月；果期6—7月。

【生长环境】武夷山各地山间林下荫湿处均有生长。

【采集加工】春、秋采收，去地上部分及须根入锅中稍煮沸即捞起晒干；蒸黄精：取上述初步加工后的原药材，反复蒸晒，以九蒸九晒为佳。酒黄精：取蒸黄精100千克，用黄酒20千克，喷拌均匀，使黄酒吸尽晾干为止。

【性味功能】甘、平，益阴生津，润肺养胃。

【主治应用】病后体虚，神经衰弱，贫血咳嗽。

【用法用量】鲜品牛、马60～120克，猪、羊30～45克。

## 长梗黄精（黄精属）*Polygonatww filipes Mevr*

药材名：长梗黄精

【药用部位】干燥根茎。

【形态特征】根状茎有间断膨大，呈连珠状，有时膨大的间隔稍长。茎直立，高达70厘米。单叶互生，矩圆状披针形至椭圆形，顶端渐尖或短尖，长6~12厘米，叶片正面无毛，背面脉上有短毛。花序腋生，有花2~7朵，总花梗细长，长3~8厘米，花梗长0.5~1.5厘米，花淡黄绿色，花被筒长约15毫米，裂片6片，裂片长4~5毫米；雄蕊6枚，花丝贴生于花被筒内，花丝长约4毫米，具短绵毛，花药长约3毫米；子房上位，3室，长约4毫米，花柱长10~14毫米，柱头小。浆果近球形，绿色，直径约8毫米，有种子2~5粒。花期4—5月，果期6—7月。

【生长环境】生于武夷山海拔650~900米处的山坡林下。

【采集加工】春、秋采挖，去除上部份及须根入锅中稍煮沸即捞起晒干备用。

【性味功能】甘、平，健脾益气，润肺养阴，滋肾填精。

【用法用量】鲜品牛、马60~120克，猪、羊30~45克。

【主治应用】病后体虚，神经衰弱，贫血咳嗽等症。

## 毛樱桃（李属）*Prunus tomentosa Thunb*

别　名：山樱桃、山豆子、岩李子（武夷山民间）

药材名：中李仁

【药用部位】果实。

【形态特征】幼枝叶背、果梗密生浅黄色绒毛，叶倒卵形至椭圆形，花单生或两个并生，花与果梗极短，近无梗，花冠白色或粉红色，其核仁也作郁李仁入药。

【生长环境】武夷山城关等地向阳山坡常有生长。

【采集加工】秋季采收成熟果实，除去果肉及核壳，取出种子，干燥。

【性味功能】甘、温，补中益气，健脾祛湿。

【用法用量】牛、马30～50克，猪、羊10～15克。

【主治应用】治大便干燥，慢性肾炎，脚腿浮肿，小便函少。

【方例】用于肠燥便秘。常配合火麻仁、瓜蒌仁同用。对水肿腹满、二便不利者，常用以配生苡仁、冬瓜皮等同用。

## 五加（五加属）*Acanthopanax Gracilistylus* w. w. smith.

别　　名：五加皮（中药通称）、细叶五加、南五加

药材名：五加皮

【药用部位】根、皮、茎。

【形态特征】常绿灌木，有时蔓生状，高2～3米，茎具明显皮孔，枝有短而粗忙的弯刺。掌状复叶在长枝上互生，在短枝上丛生，小叶通常5枚，倒卵形或披针形，边缘具细钝锯齿，叶柄有刺。伞形花序腋生或单生于短枝上，花小黄绿色，花萼5裂或全缘，花5瓣，浆果近球形，成熟时紫黑色，5—7月开花。

【生长环境】武夷山洋庄廓前、兴田西郊等山林沟谷中均有分布。

【采集加工】根、茎皮，冬季采根，夏剪取粗状茎枝，剥取外皮，鲜用或阴干备用。

【性味功能】辛、苦、温，入肝、肾经，祛风除湿，强壮筋骨。

【用法用量】牛、马15～60克，猪、羊5～15克。

【主治应用】风湿痿软，小便不利，水肿，寒湿脚气，劳伤乏力，跌打损伤。

【方例1】家畜风湿症：本品60克，棕榈根125克，煎水加黄酒125克，大家畜一次冲服。

【方例2】牛、马劳伤虚弱：本品60～125克，加烧酒1 250毫升，浸泡一星期，每次125克开水冲服。

【方例3】猪、牛跌打损伤：本品、大活血、土牛膝、全当归各30克，煎水加黄酒250毫升，牛一次喂服，猪分2～3次喂服。

【方例4】风湿关节痛，久年痛风：鲜五加皮根45～60克，同老母鸡1只炖服；凡可治妇女闭经。

【方例5】劳伤乏力、虚损、四肢酸软：五加皮500克，米酒1 000毫升，冰糖适量，浸2星期，睡前温服1小杯。

【方例6】水肿：五加皮、鸡血藤各9克水煎服。

### 刚毛五加（五加属）*Acanthopanax Simonii Schneid* Ⅲ. Handb. Laubhdzk

别　名：西蒙五加、西门五加

【药用部位】根、皮。

【生长环境】武夷山洋庄等地山坡林中可见。

【采集加工】根皮和茎皮民间与五加皮混用，药性相似。

【主治应用】当地药农常作为五加皮之药用。

### 金梅草（小金梅草属）*Hypoxis Aurea* Lour.

别　名：野鸡草、山韭菜、龙肾子

药材名：金梅草

【药用部位】全株。

【形态特征】多年生草本，全株疏被黄褐色长毛，叶基生，线形或狭线形，长约20厘米，宽约4毫米，顶端长尖，叶脉5~7条。花茎纤细，高约10厘米；花1~2朵，黄色；苞片2片，刚毛状；花被片长圆形，长约7毫米，顶端急尖，宿存；雄蕊着生于花被片基部；花柱短，柱头3裂。蒴果近柱状，成熟时3裂；种子近球形，黑色，表面有瘤状突起，花期春秋间。

【生长环境】生于山坡、荒地草丛中。

【采集加工】春秋采根，以秋季为好，挖后除去残茎、须根晒干或阴干备用。

【性味功能】寒、凉，有小毒，根茎清热利湿。

【用法用量】鲜品牛、马30~60克，猪、羊15~30克。

【主治应用】家畜中暑、腹泻等症。

## 地蚕（水苏属）*Stachys geobombycis* C. Y. Wu var. *geobombycis*

别　　名：土冬虫草、白虫草

【药用部位】全草。

【形态特征】多年生宿根草本，高30～60厘米，茎基部有匍匐枝，末端膨大呈螺旋的灰白色块茎如蚕虫。茎直立，四棱形，有倒生刺毛。叶对生，有柄，卵形或长椭圆形，长3～5厘米，宽2～3厘米，先端锐尖，基部心形或近截形，边缘有粗大锯齿，两面均有毛。夏季开淡红色花。间断的穗状花序顶生，花4～8轮，每轮有花3～6朵，唇形，雄蕊4枚，小坚果黑色。

【生长环境】武夷山各地沙质土的旷野、河旁、地角、沟边常见。

【采集加工】块茎秋季采收，鲜用或蒸熟晒干备用。

【性味功能】甘、平，益肾润肺，滋阴补血，清热除烦。

【用法用量】全草牛、马60～90克，猪、羊15～30克。

【主治应用】肺结核咳嗽、肺虚气喘，吐血贫血。

## 仙茅（仙茅属）*Curculigo Orchioides* Gaerth

别　　名：地棕、山棕籽（武夷山民间）

药材名：仙茅

【药用部位】根、茎。

【形态特征】多年生草本，根茎圆柱形，表面棕黑色，具多数须状根。根生叶3～6片，狭披针形，长15～30厘米，单行脉3～7条，叶片散生长毛。夏季开黄色花，花茎根短，隐藏于叶鞘内，浆果纺锤状，长达1.5厘米，顶端有喙，矩圆形不开裂，种子数枚，黑色，近圆形。花果期4—10月。

【生长环境】生于武夷山洋庄、茶劳山等部分山坡杂草丛中。

【采集加工】春、秋采根，以秋季为好，挖后除去残茎，须根晒干或阴干备用。

【性味功能】辛、温，有小毒，入肾经，补肾壮阳，祛寒除湿，消肿止痛。

【用法用量】本品辛热，性猛，肾火炽盛者忌用；鲜品：牛、马60～90克，猪、羊15～30克。

【主治应用】用于肾阳不足所致的阳萎、遗精，常配淫羊藿，巴戟天，锁阳等同用；用于顽固性的寒湿痹痛、腰膝冷痛等症，常配杜仲、狗脊、附子、巴戟天、独活等同用。

【方例1】公畜阳萎：本品根30～60克，煎水大家畜1次灌服。

【方例2】公畜滑精：本品根、金樱子根各30克，煎水大家畜1次服。

## 福参（当归属）Angelicamorii

别　　名：建参、大齿当归

药材名：福参

【药用部位】根。

【形态特征】多年生草本，高40～80厘米，根粗壮长纺锤形，常有少数分枝。茎直立圆柱形，具紫色纵条纹，叶互生，阔三角形，2～3回羽状复叶；末回小叶菱形或宽卵形，先端尖至长尖，基部楔形，边缘2深裂而具缺刻状粗齿。网脉在叶背明显，常呈紫红色。总叶柄茎部鞘状抱茎。复伞形花序顶生或腋生，花梗6～14条，花细小，花萼5裂，花5瓣白色，边缘紫色。双悬果广椭圆形，背面扁平，4—6月开花。

【生长环境】生于潮湿山坡、沟沿等，武夷山景区、吴屯大王峰等地广有分布。

【采集加工】根全年可挖，秋后为佳，除去基叶、须根及粗皮，蒸熟、晒干备用。

【性味功能】辛、微甘、温。补中益气。

【用法用量】牛、马30～60克，猪、羊15～30克。

【主治应用】脾虚泄泻，虚寒咳嗽，蛇伤。

【方例1】虚寒咳嗽：本品、桂元肉各15克，水煎服或本品15克，早稻米200克同炒焦黄，水煎加冰糖服。

【方例2】蛇咬伤肿胀剧痛：本品鲜全草30克水煎服，渣捣烂敷患处。

## 土党参（金钱豹属）*Campanumoea javanica* Bl. var. *Japonica Makino*

别　　名：奶参、土羊乳《草木便方》，白洋参

药材名：土党参

【药用部位】根。

【形态特征】多年生草质藤本，主根肉质，肥大，长圆柱形或圆锥形，稍弯曲，长5~40厘米，直径可达5厘米。叶对生或互生，卵圆心形，叶柄长。花钟形，单生于叶腋；萼片5；花冠白色，有时黄绿色，长1.5厘米，裂片5。结果近球形，长约1厘米，具宿存萼。6—10月开花结果。

【生长环境】生于武夷山洋庄葛仙等各地山坡、林下阴湿处。

【采集加工】根秋冬采挖，除去须根，晒干后洗净，放蒸笼内蒸熟晒干备用。

【性味功能】甘、微苦、平，补脾润肺，生津通乳。

【用法用量】鲜根：牛、马60~90克，猪、羊15~30克。

【主治应用】气虚缺乳，咳嗽，泄泻，多发性脓肿，痈疽难溃，跌打损伤。

【方例1】泄泻：鲜品30~60克、红糖15~30克，水煎服。

【方例2】乳汁稀少：鲜品30~60克，猪蹄爪1只，水炖服。

【方例3】痈疽难溃：本品、黄花稔各30克，水煎服或本品60克、冰糖6克，水煎服，渣捣烂敷患处。

## 日本薯蓣（薯蓣属）*Dioscorea japonica Thunb*

别　　名：野山药

药材名：日本薯蓣

【药用部位】干燥块茎。

【形态特征】草质缠绕藤本；块茎长圆柱形，垂直生长，直径约3厘米，表面棕黄色，断面白色。茎右旋，绿色，有时带淡紫红色，光滑无毛。单叶互生，茎中部以上的叶对生，叶片纸质，变异大，三角状披针形、长椭圆状狭三角形、长卵形，有时茎上部的为披针形或线状披针形，下部的为宽卵状心形，长5～14厘米，宽1～5厘米，顶端长渐尖或锐尖，基部心形、箭形、戟形、近截形或圆形，全缘，两面无毛；叶柄长1～6厘米。叶腋内生有各种形状和大小不等的珠芽。花单性，异株；雄花序为穗状花序，长2～5厘米，近直立，单个或2至数个生于叶腋，雄花

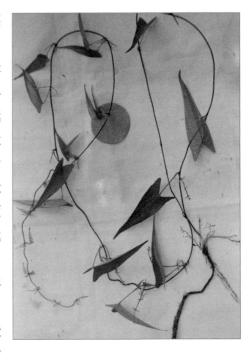

淡黄色或绿白色，具发育雄蕊6枚；雌花序为穗状花序，下垂，长6～12厘米，1～3个生于叶腋，具退化雄蕊6枚，与花被片对生。蒴果不反折，三棱状扁圆形或三棱状圆形，长1.5～2厘米，宽1.7～3.5厘米；种子每室2个，着生于中轴的中部，四周围以薄膜状的翅。花期5—8月，果期6—9月。

【生长环境】生于武夷山五夫\星村等山坡、灌丛或杂木林下。

【采集加工】秋后采收，除去须根，鲜用或晒干备用。

【性味功能】甘、平，益肺肾、补虚赢、健脾胃。

【用法用量】鲜品牛、马120～250克，猪、羊60～90克。

【主治应用】块根可供食用，健脾胃、壮阳；外敷可治肿毒、水火烫伤等症。

## 萍蓬草（萍蓬草属）*Nuphar pumilum*（Timm.）DC.

别　名：萍蓬莲

【药用部位】根茎

【形态特征】多年生水生草本，根状茎粗，横卧。叶漂浮，阔卵形，先端圆，基部心形，叶背紫红色，密生细毛，侧脉羽状，二歧分叉，叶柄长有毛。花单生于花梗顶端漂浮于水面，萼片5，椭圆状卵形，黄色花瓣小，多数狭楔形，浆果卵形，具宿存萼和柱头，6—10月开花结果。

【生长环境】生于湖沼、沟漂浅水中，武夷山岚谷等部份鱼塘有栽培，为治鱼虱之草药。

【采集加工】根茎秋季采收，鲜用或晒干备用。

【性味功能】甘，寒。补虚，健胃。

【用法用量】牛、马30～50克，猪、羊9～15克。

【主治应用】病后体弱，消化不良。

## · 收涩药

## 南五味子（五味子属）*Schisandra chinensis*（Turcz.）Baill

别　名：紫金藤、牛奶藤（武夷山民间）

【药用部位】根、茎、叶、果

【形态特征】藤本，全株无毛。根外皮褐色，断面红色，有香气，老藤有较厚的栓皮，表皮灰黄色或淡褐色，质地疏松易断裂；小枝圆柱形，紫褐色，有皮孔。叶互生，革质，椭圆形或椭圆状披针形，边缘有疏锯齿，叶面绿色有光泽。叶背淡绿色，具黄色小腺点。花黄绿色，单性，雌雄异株，单生于叶液，花梗细长，散生数片小苞片，花后下弯，花被片8～17片，排成数轮，最外轮小圆形，其他呈阔卵形或倒卵形，聚合果近球形，熟时深红紫色，7—8月开花，8—9月结果。

【生长环境】武夷山各地杂木林下或灌木丛中都有生长。

【采集加工】根（红木香）、茎（紫金藤）全年可采；叶夏、秋采收；果秋季采，均鲜用或晒干备用。

【性味功能】根、茎：辛、苦、温；温中行气，祛风活血；叶：微辛、平，消肿止痛，去腐生肌；果：酸、甘、温，敛肺益肾。

【用法用量】根：牛马30～60克，猪、羊15～30克；果：牛、马30～60克，猪、羊12～24克；外用根皮、叶适量捣烂敷患处。

【主治应用】根：治风湿关节痛，中暑腹痛，睾丸炎，无名肿毒，跌打损伤；叶：治痈疽疔疖，乳腺炎；果；治咳嗽。

【方例1】牛翻胃吐食：红木香、青木香、石菖蒲、苦参各30～60克，共研末，温水冲服。

【方例2】牛食欲不振：红木香、铁扫帚、台乌、山楂肉各30～60克，共研末，温水冲服。

【方例3】猪、牛关节风湿病：红木香、常春藤，大血藤各15～30克，水煎服。

南酸枣（南酸枣属）*Choerospondias axillaris*（Roxb）**Burtt et Hill**

别　名：五眼果、鱼岭树、酸枣树（武夷山民间）

【药用部位】树皮、果核

【形态特征】落叶乔木，杆直立，树皮灰褐色，奇数羽状复叶互生，小叶7～9片，卵状披针形或披针形，先端渐尖，基部偏斜全缘，小叶一柄。花异性，雄花和假两性花淡紫色，圆锥花序腋生，雌花较大，单生于上部叶腋内，萼怀状5裂，花瓣5，核果椭圆形或卵形，黄色，味酸，核坚硬功夫，近先端有5孔（眼点），3—5月开花。

【生长环境】武夷山各地山谷林中或村旁随处可见。

【采集加工】树皮秋冬采割，去表皮；果核于秋季成熟时采，去皮取核晒干备用。

【性味功能】性平，味甘、酸，收敛去腐。

【用法用量】二层皮：牛、马180～500克，猪、羊50～90克，水煎喂服；外用树皮加水煎至液面出现薄膜后，去渣过滤，浓宿成膏涂患处。

【主治应用】烫伤、痢疾、白带、疮疡溃烂，跌打损伤。

## 掌叶覆盆子（悬钩子属）*Rubus chingii* Hu

别　名：悬钩子、三月泡等

药材名：覆盆子

【药用部位】根、果实。

【形态特征】落叶灌木。幼枝略带紫褐色，被白粉，有少数倒刺。叶互生，近圆形，掌状5～7深裂，裂片鞭状卵形或卵状披针形，边缘有细重锯齿，两面有疏毛，基出5脉，托叶条形，下部与叶柄合生。花单生于短枝上，花萼5深裂，裂片被子毛；花瓣5，白色。聚合果球形，熟时红色。4—5月开花结果。

【生长环境】武夷山各地山坡疏林或灌丛中均有少量生长。

【采集加工】根：全年可采或晒干。果：（覆盆子）4—6月半成熟时采收，置沸水中稍泡后，于烈日下晒干。酒覆盆子：覆盆子50千克蒸4小时，取出抖黄酒6.25千克，待酒吸尽取出晒干备用。

【性味功能】根：微苦、平，清热利湿。覆盆子：甘、酸、温，固精益肾，壮阳明目。

【用法用量】根：牛、马90～150克，猪、羊30～60克；果：牛、马60～90克，猪、羊30～45克。

【主治应用】根：治风湿关节痛，痢疾，白带；覆盆子（果）：治滑精、阳痿、乳糜尿等。

【方例1】产后风：覆盆子根1 500克，煎汤去渣，酒250毫升冲后灌服，每日1次，连用2～3天。

【方例2】奶牛不孕：菟丝子25克，覆盆子15克，枸杞子15克，蛇床子15克，茺蔚子15克，山茱萸15克，仙灵脾15克，研末，开水冲候温灌服。

【方例3】公畜肾虚阳痿：覆盆子、五味子、金樱子、菟丝子共为细末喂服。

· 驱虫药

## 柳杉（柳杉属）*Cryptomeria fortumei* Hooicrenk

【药用部位】根皮、树皮

【形态特征】常绿乔木，树皮赤褐色。叶螺旋状着生于小枝上，略呈五行排列，线状钻形向内稍弯，上下两面中肋凸起，横切面近棱形，叶基部下延。花单性，雌雄同株；雄球花长圆形，集生枝顶叶腋，黄褐色；雌球花球形，黄褐色；由多数鳞片组成，每鳞片内有2粒种子，种子扁，有狭翅。2—3月开花，秋季早熟。

【生长环境】武夷山市吴屯、星村等较高的山地有野生或种植。

【采集加工】根皮、树皮全年可采，鲜用或晒干备用。

【性味功能】性寒，味苦，杀虫止痒。

【用法用量】根皮、树皮适量、水煎、熏洗患处。

【主治应用】疥癣、疔疮。

## 南方红豆杉（红豆杉属）*Taxus mairei*（lemee et levl.）s. y. Hu

【药用部位】种子

【形态特征】常绿乔木，高可达15～20米，胸径可达80厘米，树皮灰褐色或红褐色，纵裂成狭长薄片脱落，大枝开展，小枝常互生。叶螺旋状着生，基部扭转呈二列状，线形，通常呈弯镰刀状，长2～3.5厘米，宽2～4毫米（萌生枝上的叶长达5厘米、宽5毫米），上部常渐狭，顶端渐尖；上部中脉隆起，下部中脉两侧各有1条灰绿色的气孔带，下部中脉带上无角质的乳头状突起点或局部有成片或零星分布的角质乳头状突起点或与气孔带相邻的中脉带，两边有一至数条角质乳头状突起点，中脉带常明显可见，其色泽与气孔带不同，呈淡黄绿色或绿色，绿色的边带较中脉带为宽且明显。球花单性，雌雄异株，单生于叶腋；雌球花具短柄，基部具数对交叉对生的苞片，顶端直生1个胚球。

种子倒卵圆形，上部较宽，稍扁，长7~8毫米，顶部稍有2条纵背，生于红色肉质的杯状假种皮中，外种皮坚硬，种脐椭圆形。

【生长环境】武夷山海拔800米以上的林中、林缘及溪谷边偶有分布。

【采集加工】根、茎、皮常年可采，种子成熟时采收，鲜用或晒干备用。

【性味功能】性辛，大温，味甘。驱虫理气，利尿消肿。

【用法用量】牛马30~45克，猪羊9~15克，炒热，水煎灌服。

【主治应用】虫积腹痛，食胀等。

## 香榧（榧树属）*Torreya grandis* Fort.

【药用部位】种子

【形态特征】乔木。幼枝绿色，平滑，后转为黄绿色。叶螺旋状着生，二列，条形，直而硬，中脉明显，叶背有2条气孔带。花雌雄异株；雄花单生叶腋，雄蕊排成4~8轮，每轮4枚；雌花成对生于叶腋；基部各2对交互对生的苞征及外侧的一小苞片，雌花有胚珠1枚。种子椭圆形或倒卵形，假种皮淡紫红色。4—5月开花，翌年10月种子成熟。

【生长环境】生于杂木林中或林阴湿地。武夷山市星村镇桐木（武夷山自然保护区）较多。

【采集加工】种子（榧子）冬季果实成熟时采收，剥去外皮，洗净晒干或蒸熟凉干备用。

【性味功能】性平，味甘、涩。驱虫消积。

【用法用量】牛、马15~30克，猪、羊6~12克，煎汤灌服或研末开水冲，候湿灌服。

【主治应用】虫积腹痛，食积痞闷，便秘。

【方例】杀虫散：《兽医规范》二部：榧子、使君子、苦练皮、大风子、蛇床子、贯众、百部、厚朴、枳实、石榴皮、雷扎治猪虫积腹痛。

### 三尖杉（三尖杉属）*Cophalotaxus fortunei* Hook. f.

别　名：野榧子

【药用部位】叶、枝、种子、根

【形态特征】常绿小乔木，树皮红褐色。小枝常下垂，基部有宿存芽鳞。叶螺旋状着生，排成二列，条状披针形，微弯，叶面绿色，叶背有两条白气孔带。雌雄异株；雄球花8~10朵，聚生成头状，腋生，花梗粗壮；雌球花由数对交互对生的腹面各有2个胚珠的苞片组成，有长梗。种子卵圆形或椭圆状卵形，熟时外皮红紫色。4月开花，种子秋季成熟。

【生长环境】武夷山市樟树村等海拔400~800米的溪谷林中有零星分布。

【采集加工】根、茎、叶全年可采，鲜用或晒干备用。

【性味功能】种子：性平，味甘、涩；枝叶：性寒，味苦、涩，有小毒；杀虫，散肿，抗癌。

【用法用量】牛马45~90克，猪羊15~30克，水煎灌服。

【主治应用】适用各种肿瘤，白血病等。

### 中国粗榧（三尖杉属）*Cephalotaxus sinensis*（Rehd. et Wils.）Li

别　名：粗榧

【药用部位】叶、枝、果实、根

【形态特征】常绿小乔木或灌木。树皮灰色或灰褐色，裂成薄片状脱落。叶螺旋状着生，基部常扭转排成二列，线形，通常直，长2~5厘米，宽约3毫米，上部与下部等宽或上部稍狭，顶端锐尖或短渐尖，基部近圆楔形；上面深绿色，中脉明显，下面中脉两侧有白色气孔带，较绿色边带宽2~4倍；近无柄。雄球花6~7朵聚生成头状，直径约6毫米，总梗长约3毫米，雄球花卵圆形，基部有1片苞片，雄蕊4~11枚，花丝短，每雄蕊具3个花药；雌球花由数对交叉对生的苞片组成，每苞片具2个胚珠，每雌球花通常仅2~5个胚珠发育成种子。种子卵圆形、近圆形或椭圆状卵形，长1.8~2.5厘米，顶端的中央有小尖头。花期3—4月，果熟期翌年9月。

【生长环境】武夷山各地林中或谷地有分布。

【采集加工】根、皮全年可挖；果成熟时采收，均鲜用或晒干备用。

【性味功能】根、皮淡涩、平，祛风除湿；果实：平、甘涩，驱虫，消积；枝叶：苦、涩、寒，治白血病、恶性淋巴瘤。

【用法用量】牛马45~60克，猪羊15~30克水煎灌服。

【主治应用】对动物的各种淋巴肉瘤等有一定的治疗效果。

## 木荷（木荷属）*Schima superba* Gardn. et Champ.

【药用部位】茎皮、根皮

【形态特征】乔木，高8~20米或更高，树干挺直，分枝很高，树冠圆形；树皮深灰褐色，纵裂成不规则的长块状；嫩枝灰褐色无毛或顶部有短柔毛；叶革质，卵状椭圆形至长圆形，长10~12厘米，宽2.5~5厘米，叶柄长1.4~1.8厘米，花单生于叶腋或排成顶生短总状花序；花白色，芳香；花梗粗壮，长1.2~4厘米，萼片5，革质圆形，无毛，边缘有纤毛；花瓣5，倒卵形，长2.5厘米，雄蕊多数；蒴果褐色5裂，种子每室2~6个，扁平且薄，淡褐色，周围有翅，翅有皱纹，花期3—7月，果期9—10月。

【生长环境】生于各地山坡灌丛或疏林、密林中。

【采集加工】本品树皮全年可采，鲜用或晒干制成粉末备用。

【性味功能】苦、涩，性温，味辛，有毒，燥湿杀虫，解毒疗疮。

【用法用量】本品外层皮，牛、马50~100克，猪、羊15~30克，煎汤喂服。

【主治应用】本品浸泡于水中，可杀动、植物体内外寄生虫；主疗疮；无名肿毒，毒蛇毒虫咬伤药。

# References 参考文献

蔡光先，1962. 湖南药物志[M]. 长沙：湖南科技出版社.

冯洪钱，1984. 民间兽医本草[M]. 北京：科学技术文献出版社.

福建植物志编写组，1987. 福建植物志（1-6）卷[M]. 福州：福建科学技术出版社.

贵州省中医研究所，1965. 贵州民间药物[M]. 贵州：贵州人民出版社.

贵州中医研究所，1970. 贵州草药[M]. 贵州：贵州人民出版社.

湖北省卫生局，1982. 湖北中草药志[M]. 武汉：湖北人民出版社.

湖北中医学院教育革命组，1970. 中草药土方土法战备专辑[M]. 武汉：湖北中医学院教育革命组.

江苏植物研究所，1988. 新华本草纲要[M]. 上海：上海科技出版社.

江西省卫生局革命委员会，1970. 江西草药[M]. 南昌：江西省新华书店.

蒋示吉，2005. 医宗说约[M]. 北京：中国中医药出版社.

林其伟，梁全顺，2000. 福建中兽医验方选编[M]. 北京：中国国际广播出版社.

缪希雍，2011. 本草经疏[M]. 北京：中国医药科技出版社.

沈阳部队后勤部卫生部，1970. 东北常用中草药手册[M]. 沈阳：辽宁省新华书店.

宋立人，1999. 中华本草[M]. 上海：上海科技出版社.

苏敬等，1981. 新修本草[M]. 合肥：安徽科学技术出版社.

吴德峰，黄一帆，周金泰，1989. 福建兽医药用植物名录[M]. 福州：福建农学院.

吴德峰，2009. 动物实用中草药[M]. 福州：福建科学技术出版社.

萧步丹，2009. 岭南采药录[M]. 广州：广东科技出版社.

喻本元，喻本亨，1959. 元亨疗马集[M]. 北京：中华书局.

长春中医学院，1970.吉林中草药[M].长春：吉林人民出版社.

浙江省卫生厅，1960.浙江天目山药植志[M].杭州：浙江人民出版社.

《浙江植物志》编写组，1980.浙江药用植物志[M].杭州：浙江科技出版社.

郑继方，2012.兽医中药学[M].北京：金盾出版社.

中国科学院四川分院中医中药研究所，1979.四川中药志[M].成都：四川人民出版社.

中国农业科学院中兽医研究所，中国农业科学院兰州兽医研究所，1979.新编中兽医学[M].兰州：甘肃人民出版社.

中国兽药典委员会，2016.中华人民共和国兽药典[M].北京：中国农业出版社.